水环境管理国际经验研究系列丛书

水环境管理国际经验研究

之

加拿大

生态环境部对外合作与交流中心　编著

U0351210

中国环境出版集团·北京

图书在版编目 (CIP) 数据

水环境管理国际经验研究之加拿大 / 生态环境部对外合作与交流中心编著 .
—北京：中国环境出版集团，2019.4

（水环境管理国际经验研究系列丛书）

ISBN 978-7-5111-3975-7

Ⅰ.①水… Ⅱ.①环… Ⅲ.①水环境—环境管理—研究—加拿大

Ⅳ.① X143

中国版本图书馆 CIP 数据核字（2019）第 084227 号

出 版 人　武德凯
策划编辑　王素娟
责任编辑　王　菲
责任校对　任　丽
封面设计　彭　杉

出版发行　**中国环境出版集团**
　　　　　（100062　北京市东城区广渠门内大街 16 号）
　　　　　网　　址：http://www.cesp.com.cn
　　　　　电子邮箱：bjg1@cesp.com.cn
　　　　　联系电话：010-67112765（编辑管理部）
　　　　　　　　　　010-67122011（第四分社）
　　　　　发行热线：010-67125803　010-67113405（传真）
印　　刷　北京中科印刷有限公司
经　　销　各地新华书店
版　　次　2019 年 4 月第 1 版
印　　次　2019 年 4 月第 1 次印刷
开　　本　880×1230　1/32
印　　张　3.75
字　　数　74 千字
定　　价　15.00 元

【版权所有。未经许可请勿翻印、转载，侵权必究】

如有缺页、破损、倒装等印装质量问题，请寄回本社更换

《水环境管理国际经验研究之加拿大》
编写委员会

主　　编：方　莉

副 主 编：杨　倩　　　孔　德　　　杨　烁

编写人员：唐艳冬　　　张晓岚　　　王　京　　　刘兆香

　　　　　栗　赟　　　李　佳　　　李奕杰　　　刘　昊

　　　　　汪安宁　　　王树堂　　　高莉丽　　　费伟良

　　　　　蔡晓薇　　　陈　坤　　　韵晋琦　　　林　臻

　　　　　徐宜雪　　　郭　昕　　　周七月　　　王　媛

　　　　　陈新颖　　　李浩源　　　杨　铭　　　袁　鹰

前　言

　　李干杰部长在 2018 年全国生态环境宣传工作会议上指出，坚决贯彻习近平新时代中国特色社会主义思想和党的十九大精神，以习近平生态文明思想为指导，全面落实全国生态环境保护大会的部署和要求，全面加强生态环境保护，坚决打好污染防治攻坚战，坚持以改善生态环境质量为核心，立足解决突出生态环境问题，综合运用多种手段，加大力度，周密统筹，推动污染防治攻坚战进入细化部署、深化实施、攻坚决胜阶段。

　　在生态环境治理过程中，借鉴国外有效的水环境管理和生态治理方面的经验是非常必要的。生态环境部对外合作与交流中心基于国际资源优势，自 2016 年起着手编制水环境管理国际经验研究系列丛书，以期为我国水环境生态保护工作提供有益借鉴。

　　加拿大在二十世纪六七十年代环境污染比较严重，主要通过严格排放标准、完善环保法规、提高环境成本、加大环保投入、强化环境教育等措施来推进环境治理工作。进入 90 年代，随着一系列水环境管理措施的进一步贯彻落实，由美国、加拿大两国联合治理的五大湖流域的环境得到了极大改善，积累了比较成功的水环境管理经验，这对我国水环境管理工作有重要的启示意义。本书作为系列丛书之一，从治理历程、政策机制、管理体系、产业技术措施等方面分析了加拿大水环境管理体系与经验。

由于篇幅有限，书中所列编写人员中难以包括所有参与项目实施的科研管理和技术人员，在此，我们向所有参与项目实施和对资料整理给予帮助的人员表示衷心的感谢!

由于时间仓促，编写过程中难免有疏漏，敬请国内外专家学者批评指正。

编　者

2019 年 1 月

目 录

1 加拿大水环境现状及治理历程

1.1 水环境现状和水污染治理历程

1.1.1 加拿大水环境现状

加拿大位于北美洲北部，素有"枫叶之国"的美誉，首都是渥太华。加拿大西临太平洋，东濒大西洋，位于北纬41°~83°、西经52°~141°，西北部毗邻美国阿拉斯加州，东北与格陵兰（丹麦实际控制）隔戴维斯海峡和巴芬湾遥遥相望，南接美国本土（东段以除密歇根湖外的四大湖和阿巴拉契亚山为界，中段和西段基本从北纬49°为国界线），北靠北冰洋，北极圈穿过北部。

加拿大国土面积为998万 km^2。全国2/3的地区1月平均气温低于 $-18℃$，北部夏季短暂、凉爽；南部夏季较长，气候温和。全国多年平均降水量约730 mm，其中不列颠哥伦比亚省沿海地带的年降雨量在2 500 mm以上，集中在秋冬季；西北地区的年降雨量为250~500 mm，集中在夏季。

加拿大河流湖泊众多，风景秀丽。河流按其最终汇入的海洋可分为四大流域，即大西洋流域、哈得孙湾及哈得孙海峡流域、北极流域和太平洋流域；圣劳伦斯河、纳尔逊河、马更些河、弗雷泽河以及哥伦比亚河是加拿大著名的河流。位于靠近美国边界的苏必利尔湖、密歇根湖、休伦湖、伊利湖和安大略湖等五大湖是世界上最大的湖群，也是加拿大最重要的湖泊。各种水域占国土总面积的比例分别为：湖泊占 7.6%，湿地占 14%，永久性冰雪覆盖地 2%。

加拿大水资源极其丰富，多年平均径流量为 29 010 亿 m^3，占全球经流量的 9%，位居世界第四；人均超过 10 万 m^3，位居世界第一。但时空分布不均且与人口分布不协调，60% 的淡水资源在北部，而 90% 的人口生活在距南部边界 300 km 以内的狭长地带。

加拿大由 10 个省和 3 个地区组成，具体划分如表 1-1 所示。

表 1-1　加拿大行政区划

中文名称	英文名称	中文名称	英文名称
省		省	
阿尔伯塔省	Alberta	爱德华王子岛省	Prince Edward Island
不列颠哥伦比亚省	British Columbia	魁北克省	Quebec
曼尼托巴省	Manitoba	萨斯喀彻温省	Saskatchewan
纽芬兰与拉布拉多省	Newfoundland and Labrador	地区	
新不伦瑞克省	New Brunswick	努纳武特地区	Nunavut
新斯科舍省	Nova Scotia	西北地区	Northwest Territories
安大略省	Ontario	育空地区	Yukon

加拿大河流水质指标表明，2013—2015 年，水质优良的占 43.3%，中等的占 37.1%，合格的占 17.4%，剩余 2.2% 水质较差，如图 1-1 所示。总体来说，加拿大河流的淡水质量可以维持健康的河流生态系统。

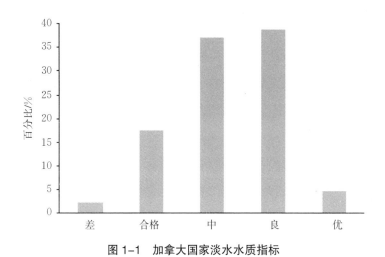

图 1-1　加拿大国家淡水水质指标

注：在 2013—2015 年的变化。

加拿大的淡水和海洋主要的水污染问题是：有毒物质及营养物过量、地下水污染。来自工业、农业和生活的有毒物质是加拿大水体中的主要污染物，这些痕量元素，如多氯联苯、汞、石油烃、呋喃和一些杀虫剂等，在环境中难以降解并会通过食物链累积。这些物质以多种途径进入加拿大水体。这些途径包括：工业源，如采矿、钢铁生产、发电和化学工业；油或化学品的泄漏事故；城市生活污水排放；来自墨西哥、美国、欧洲和亚洲的大气沉降，通过降雨、降雪和农业径流等沉降在加拿大。如氮、磷化合物，主要来自城市污水、含有化肥和动物废弃物的农业径流，这些营养物能使水生生物过量生长，然后死亡和腐烂，最终消耗溶解氧而杀死鱼类。水中固体颗粒物量的增加而导致的沉降，主要是由于人类活动带来的，如林业、农业和建筑业等，当沉降发生时，它能影响鱼类的生长和产卵场，并杀死水生生物。

1.1.2　水污染治理历程

20 世纪 60 年代以来的环境运动，使加拿大政府越来越意识到环境质量的重要性。随着矿产资源、渔业资源、森林资源甚至野生动植物资源等进一步开发，加拿大的水、空气、土壤等自然环境的质量也在恶化，这成为一个无论普通民众还是精英之士都需要认真面对的重要问题。联邦政府应对环境挑战的目标是：一方面，要确保所有加拿大人都能从本国自然资源丰富的红利中分享优越的生活；另一方面，还要保证这些资源能为子孙后代所利用。

1.1.2.1　水污染治理部门改革历程

1970 年，加拿大与环境事务有关的多个部门联合重组形成了环境部。这些部门包括渔业和森林部，渔业研究委员会，地区经济扩展部中的加拿大地政部门，印第安人事务与北方发展部中的加拿大野生动植物服务部门，运输部的气象服务部门，能源、矿业和资源部的水管理部门以及国家卫生与福利部的空气污染控制与公共健康工程部门。之后又在原有部门的基础上，吸收了联邦政府其他部门职责中的环境事务，1971 年 6 月，联邦环境部正式建立。

这个新部门的总体目标如下：①保持对空气、水、鱼类、森林和野生动植物资源的研究和管理的能力，履行好历史与法律责任；②清理和控制污染；③评估和控制主要新项目、工程和发展规划的环境影响；④提高对环境现象、术语的理解；⑤促进和支持国际环境行动；⑥为公众理解环境问题、提高环境意识创造一个良好的氛围。起初，环境部的下辖机构包括5个部门：大气环境司，渔业司，土地、森林和野生生物司，水管理司，环境保护司。此外，环境部内部还有为其自身提供财政支持并保证其正常运转的财务及行政司以及提供科学支持的政策规划与研究司，如图1-2所示。各部门的具体职责和组成如下所述。

图1-2 加拿大环境部组织机构

大气环境司负责规划、发布和操作空气质量的网络与调查；为大气的状态和质量趋势提供信息；收集和分析其他数据和冰层运动的数据；空气和噪声污染以及形成最终的天气预测。

渔业司的职责是负责规划渔业资源以达到最经济的利用效果；对水生可再生资源和水生环境的生态安全进行研究。该部门也负责确定加拿大在国际渔业中的角色以及管理渔业价格支持理事会和渔业研究委员会。

土地、森林和野生生物司的职责包括对土地分类、土地登记注册、对土地利用的研究与规划、对森林的研究与咨询服务、对林产品的研究与咨询服务、在联邦土地上的森林管理服务、对候鸟的保护与管理、对野生动植物栖息地的获得与管理以及对野生动植物的研究与咨询服务。

　　水管理司的职责是提高加拿大内陆与海洋水资源的管理与利用。管理本国内陆水研究和数据网络项目的服务计划包括水文地理的调查和制图项目，承担海洋研究的服务计划包括通过海洋环境数据中心管理船只以支持海洋和内陆水的调查与研究项目。此外，该部门还承担了与联邦和省已规划的水资源项目合作的职责。

　　环境保护司会采取行动来防治环境问题。该部门的职责包括水和空气的污染控制、固体废物的管理与控制以及环境污染物的处理。对于污染应急、噪声污染、联邦活动与联邦设施等具有生态影响的行动，环境保护司都应该加以管理。早期占用环境保护司大部分时间的是治理水污染和实施《渔业法》。

　　财务及行政司具有以下功能：第一，为国家政权的存在和活动提供了物质保障；第二，财务行政具有控制和监督政府行政管理的作用；第三，财务行政具有资源配置、收入分配、稳定和发展经济、监督国有资产等作用。

　　政策规划与研究司的创立为政策和规划提供了一个整体框架；在环境和资源方面，协调联邦政府与各省和其他国家之间的关系；在部门科学政策和研究活动中，形成协调的、综合的方式。该服务部门由政策与规划理事会、政府间事务理事会、研究协调理事会 3 个理事会组成。

　　政策与规划理事会的职责在于为部门的决策提出建议并对替代方案进行可行性分析。

　　政府间事务理事会负责政府间关系的协调，包括与其他联邦政府部门和机构、其他省的政府以及外国政府。该机构在与其他省政府、外国政府商定协议时，环境部也能参与很多有关环境与可再生资源的国际合作，这是加拿大参与国际协定的一种方式。

研究协调理事会负责研究科学和技术怎样能更大限度地帮助实现部门目标，并提出科学的政策建议。该机构与政府的主要智囊、内阁中的科学和技术部门以及其他政府部门协商，提议研究重点和资源分配方案确保涉及不止一个服务部门的科学项目以一种协作的方式进行。

1.1.2.2　加拿大联邦环境部管辖范围

按照地域，加拿大联邦环境部的管辖范围可以被划分为大西洋地区、魁北克地区、安大略地区、草原及北部地区、太平洋及育空地区。

大西洋地区位于加拿大的东海岸，拥有 4 万 km 的美丽海岸线。该地区也有无数的湖泊、湿地和河流，包含一些独具特色的生物种类。由于大西洋地区周围都是水域，因此该地区环保部门的很多工作都集中在水是怎样改变当地社区、人类生活环境和其他生物的生存等方面。该地区包括新斯科舍省、新不伦瑞克省、爱德华王子岛和纽芬兰岛，每个地方都有其独有的特征和标志。

魁北克地区有大约 170 万 hm^2 的土地，包含 54 个土著居民社区。该地区有近 100 万个湖泊和水道，也是很多濒危物种生存的地方。

在安大略地区，环境部根据该地区的具体问题来实施国家计划，如有关五大湖流域生态系统的恢复、保护。该地区也是加拿大科学家研究空气污染最集中的地方。

草原及北部地区是环境部管辖的最大区域，包括马尼托巴省、萨斯克彻温省、阿尔伯塔省、西北地区和后来成立的努纳武特地区。该地区涉及环境问题的地方主要包括大湖（温尼伯湖、阿萨巴斯卡湖、大奴湖和大熊湖）；有历史传统的河流，如北萨斯克彻温河、红河和阿萨巴斯卡河；濒危物种，如北极熊、独特的草原植物等。从大的城市中心到孤立的小村庄，超过 500 万人居住在该地区，包括在加拿大人数最多的土著居民，其中土著居民中包括第一民族（印第安人）200 多人以及一些因纽特人和梅蒂人。该地区的一些主要工程包括马更些河流域管线建设工程、油砂发展项目和数不清的石油、天然气、采矿、水利、森林和农业待建项目。

不列颠哥伦比亚省、育空地区和太平洋与北冰洋周围的海域构成了太平洋和育空地区的环境区域。这一区域的一个主要特征就是较高的生物多样性水平，因为它包括了 9 个截然不同的生物区。环保部门除提供相应的环境服务外，还会和西北太平洋地区的美国各级政府机构促成合作、达成共识以保护两国共享的环境。

1.1.2.3　环境立法推进

20 世纪 60—70 年代中期，一系列相关立法的集中出台极大地提高了联邦政府环境保护的能力，也为环境政策的制定和执行提供了法制基础。其中针对水污染、空气污染等影响民众生活基本要素的立法成为立法的重点。此外，各省的环境立法也取得了重要进展。这一时期影响较大的立法主要聚焦在直接的和明显的污染治理。政府应对环境挑战的最初反应，主要是建立一系列集中的法规体系来抑制、控制和减轻环境退化的危险，这也就是加拿大的第一代环境政策。这一时期联邦政府主要采取的法制行动表现为，先后修订了《联邦渔业法》《北部内陆水法》《加拿大运输法》，旨在增强政府控制有害物质的权力，禁止这些物质排入海洋或省际内陆水域。在这些法规的影响下，联邦政府提出了全国性的标准，用以规范纸浆和造纸工业所产生的汞、磷等污染物质和废水的排放。监测和清理石油以及其他危险溢出物的体系得以建立。此外，联邦政府还实施了《加拿大水法》（1970）、《北极水染防治法》（1970）、《清洁空气法》（1970）、《加拿大野生动物法》（1973）、《环境污染物法》（1975）、《海洋废物倾倒控制法》（1975）等。这些法规主要用于维护好水、空气和其他生物等人类赖以生存的环境自然要素，在加拿大环境立法史上具有开创性意义。

以1970年《加拿大水法》的重点内容为例。该法主要是授权研究、规划和实施针对水的保护、发展和利用项目。这个立法为联邦政府和省政府以协同合作的方式管理加拿大的水资源、水环境提供了一个综合的框架。尽管该法也提出要建立联合的水质管理机构，其职责主要是设计和运营废水处理工厂，监督并执行废水达标排放，但这些机构并未随之建立。然而，该法授权联邦政府在涉及边界和省际的水域时，可以采取单独行动，但前提条件是这些水域的水质已经引起国人的普遍关注。其解决的直接办法就是需要那些生产废物、污染水域的企业承担起清理污染的成本。

二十世纪六七十年代，各省政府在环境立法方面表现最为积

极。第一代现代环境立法依循较早聚焦排放规范的《公共健康
法》。每一个省都制定并实施了本省污染控制和环境评估的法律。
有一些省份在每一个领域都有各自的法令，其重点放在空气、水
和固体废物等方面。而有些省份会合并成一个单一的规范法规来
治理上述 3 个问题。其中安大略省是最积极推进环境立法的省份，
这一时期该省的环境立法包括：《空气污染控制法》（1967）、《废物
管理法》（1970）、《环境保护法》（1971）、《水资源法》（1972）、《环
境评估法》（1975）、《环境保护法：有害废物的管理》（1976）。

20 世纪 70 年代中后期到 80 年代初，大规模的环境立法浪潮
虽然没有再次出现，但是环境法的制定和修订却逐步进入了常态
化的轨道。

加拿大环境评估机制于 1973 年初步创立。该机制设有目标、
原则及工作流程。但由于当时该机制还处于初步探索时期，在应
用过程中，还存在着缺少外部监管、无法律效力、缺乏行政和技
术支持等缺陷，这些缺陷直到后来才被逐步完善。在建立环境评
估制度之前，加拿大很大程度上都不把环境纳入工程计划和实施
的考虑范围，结果与联邦政府合作的省级政府环保机构在应对环
境问题时就会操作欠妥，使得环境问题日益突出。政府开始考虑
把重点放在问题的起源上，即人类活动对环境的影响以及如何把
资源和环境管理与经济发展结合起来。总之，发展至 20 世纪 70
年代中期，加拿大环境政策由最初通过事后清理与污染治理的阶
段转变到了通过提前计划来防止污染的阶段。1973 年 12 月，加拿
大内阁决定建立环境评估与审查程序（EARP）。在联邦政府确立
并实施环境评估与审查程序的基础上，很多省也随之采取了相应

的行动。如 1978 年，魁北克省通过修订《环境质量法》，建立了本省的环境评估程序。20 世纪 80 年代，许多省在制定环境评估的行政法规方面都取得了很大的进步。

1.2 法律和政策

加拿大的环境法是由联邦、省和市级政府 3 个级别的法律组成。这些环境法共同约束着几乎所有的政府和商业活动。

根据宪法对权限的划分，联邦政府负责制定国家有关的环境政策，包括大气、水和土壤的国家环境质量标准，对野生动植物等可再生资源和航行水体的保护，以及负责与国际有关的环境问题；而省一级的政府一般负责与其辖区有关的较广泛的具体环境事务。这些环境事务大多涉及该辖区特定的经济状况和特定的地理条件，需要地方政府综合考虑该辖区的环境政策、法律和管理制度，如颁发排污许可证、进行现场检查和监督环境标准的执行等。省级政府一般下放一定的权力给市级政府。市级政府的许多公共事务职能都涉及环境事务的管理。这些职能包括监督大气和水污染的控制、废弃物和其他公害的管理、公共健康的管理、参与市政规划和区划、给工商执照的发放提供环境方面的参考等。这些职能一般规定在市政府的立法中。

加拿大主要的环境立法始于 20 世纪 60 年代末期和 70 年代初期。最初的立法很大程度上是由于公众对日趋恶化的环境状况的关注，迫使政府介入，开始制定法律来保护环境。1970 年，加拿大先后颁布了《通航水体保护法》（1985 年修订）、《国际河流水体改善法》（1985 年修订）和《加拿大航运法》（2001 年已废止）。同年还对《渔业法》(1985 年修订) 进行了修改，新增了水污染防治方面的规定。随后，加拿大又陆续颁布和通过了《清洁大气法》(1971 年)、《环境评价及其审批程序》(1973 年)、《环境污染物法》(1975 年)。

加拿大早期的环境法与其他许多发达国家的环境法一样，有 4 个明显的特征：①多偏重于制定标准来管理环境；②其环境标准多建立在控制技术的基础上，是一种"指令与控制"的管理方法；③多由政府拨款，促使工业进行必要的污染防治和工艺调整；④环境纠纷的解决多采用与工业协商的办法，取代了法律强制手段。

1988 年的《环境保护法》(1999 年修订) 是加拿大联邦政府在汇集了 5 部早期环境法规的基础上颁布的综合性立法。它取代了此前实施的《环境污染物法》《大气品质法》《加拿大水法》《环境法》，并且包含了《清洁大气法》《海洋废物倾倒法》《加拿大水法》中有关水体有毒物质的规定，以及环保部门法的某些规定。该部法律第五部分旨在解决与有毒物质相关的多重问题，通过寻找更具综合性的方法来处理有毒物质。

1988 年的《环境保护法》包括 7 个主要部分：①第一部分要求加拿大环境部和加拿大卫生部通过监测、收集、研究与提供信息，制定出环境质量目标、标准、行为指南和规则。②第二部分对有毒物质做出了明确的规定，要求控制国家禁止的一系列有害有毒物质，同时还涉及有毒物质的释放、进出口及其在生产中的使用和管理。③第三部分规定了对营养物质，包括洗涤剂和水保护剂的管理和控制。④第四部分涉及对联邦所属机构的活动管理。⑤第五部分涉及国际大气污染防治问题以及联邦与省和地区就大气问题之间的协商。⑥第六部分是关于对海洋倾废的控制，规定向海洋倾废必须获得许可证。⑦第七部分是一般规定，如该法授权给联邦政府，可向工业部门要求赔偿其调查排污和倾废的开支，也允许联邦政府在发现倾废行为时，扣押和没收船只。

由于新的环境问题不断出现，1988 年的《环境保护法》要求每 7 年修订一次该法。因此，第一次修订工作于 1995 年开始，经过 5 年的反复讨论和与公众及有关部门的充分协商，新修订的《环境保护法》在 1988 年的基础上进行了大量的修改，增加了许多内容。这次修订把重点放在促进可持续发展、污染防治、保护环境和人类健康等方面。

1999 年 9 月 14 日，修订后的《环境保护法》在议会获得通过，并于 2000 年 3 月 31 日生效，当天即取代了 1988 年的加拿大《环境保护法》，成为加拿大保护环境的一个重要工具。"此次《环境保护法》的修订，关注了生物技术、信息技术等领域的最新进展和经济全球化的国际竞争，力图与科学技术及环境法理论的最新发展保持同步，体现了现代环境法发展的总趋势和信息化时代的要求，是对加拿大既有环境法的完善和进一步深化。"在 2004 年 12 月发布的《加拿大 1999 年〈环境保护法〉的理解指南》中，进一步揭示了《环境保护法》的核心特征。其内容涉及加拿大环境保护的管理过程；现存物质和新物质的风险管理；生物技术产品的分类和修订；海洋环境和海洋废物处理；车辆、机械的排放燃烧和燃料；有害废物及其污染；环境紧急事件的处理；政府运营以及联邦和土著土地的管理；法律实施；关于现存物质和新物质的研究和监控；信息收集和报告；公众参与；行政性要求等。政策颁布时间如图 1-3 所示。

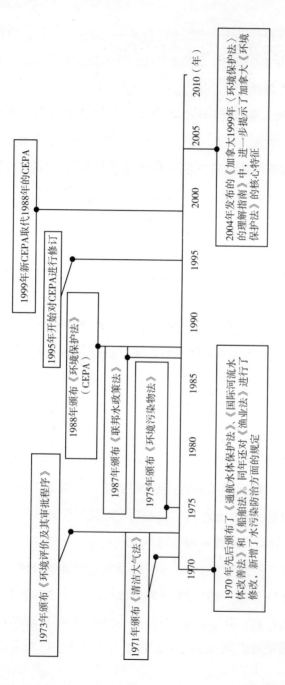

图 1-3　加拿大环境保护政策颁布时间

1.2.1 加拿大流域管理法律政策体系

（1）联邦法律

联邦法律主要有《联邦水政策法》、《加拿大水法》、《环境保护法》（1999 年）。

《联邦水政策法》是加拿大水事管理基本法，规定了水事管理的总战略、政策实施、水质管理、地下水管理等诸多原则和细节问题。如联邦水政策的总目标为："促进采用与现在以及未来的社会、经济和环境的需要相和谐的高效和公平的方式来利用淡水。"并规定了一体化的战略规划，"联邦政府认为对水资源要采用一体化的方式来进行规划和开发，以便公正和有效地满足对于水资源日益增长的质量和数量需求，并确保水的价值本身及其赖以生存的生态系统以可持续的方式进行规划和开发"。

《加拿大水法》是联邦和省对全国水资源联合管理的纲领性文件，是对加拿大的水资源开发、利用和保护（包括研究、规划和方案实施）的一项法令。该法令包括前言、术语定义和四个部分的主体内容。主体内容第一部分是综合的水资源管理，内容涉及联邦和省的责任安排、全面的水资源管理方案、联邦和省的水资源规划等；第二部分是关于水质管理的规定，包括允许进入水资源的污染物种类，联邦和省的水质管理义务、水质管理的机构、水质管理的区域等；第三部分规定禁止制造和进口以及使用和出售含营养量超过规定标准的任何洗涤剂和水净化剂，目的在于减少水的富营养化；第四部分是关于水法管理，规定了检查遵守的法规、违反水法的惩罚和贯彻水法所需经费等。

1999 年《环境保护法》是在 1988 年《环境保护法》基础上修订而成的，共 12 个部分 356 条，2000 年 3 月正式生效。内容涉及环境资源管理的各个方面——术语定义、实体制度、程序规则、实施目标、指导原则、行为准则、执行保障、救济方法等。该法将可持续发展作为立法所追求的终极目标，包括代内公平、代际公平、可持续利用和环境与发展一体化 4 个核心要素，采用符合生态系统特点的方法，为有毒物质的控制设计了双轨制——生命周期控制和实质性消除。

（2）各省、行政区法律

加拿大总共有 10 个省、3 个行政区，各个省和行政区都有各自不同的流域立法，如不列颠哥伦比亚省的《水法》、《水保护法》（1996 年）、《水资源可持续发展法》（2010），安大略省的《水资源法》和《安大略湖泊和河流改善法》，育空地区的《育空水法》，西北地区的《西北区域水法》等。

（3）国际条约

加拿大是一个国际河流众多的国家，因此与其他国家签署了许多国际协议。早期协议的目的是解决国家间的边界问题，如 1909 年《关于边界水域和美加边界有关问题的华盛顿条约》。后期协议的目的以淡水保护为主要目标，如 1972 年美加《太湖水质协定》，规定了协定的目标、适用政策法规、指标体系、最低水质标准、整体治理计划和针对各污染源的具体治理计划及实施安排，旨在"恢复并维持五大湖流域生态系统的水域在化学、物理和生物方面的统一性"。

1.2.2　加拿大流域管理的法律规范

（1）重视水的生态价值和水生态系统的可持续发展

加拿大立法非常尊重水资源的生态价值。《联邦水政策法》开篇规定："我们必须像对待其他有价值的资源一样认真地管理水。在我们自己的时代，我们用水的方式应该给我们的孩子和孩子们的孩子留下没有受到损害的水。尤其重要的是我们必须认识它的价值。联邦水政策要求以全新的方式来对待加拿大的水——一种赋予该资源本身真正价值的方式，我们必须开始将水视为既是保持环境良好的关键资源，又是具有真正价值的日常必需的物质，并据此对其进行管理。该政策强调的理念是加拿大人必须将水视作良好环境的关键和真正具有价值的稀缺物资。"

加拿大各水资源立法无不重视水生态系统的可持续发展。《联邦水政策法》把"促进采用与现在以及未来的社会、经济和环境的需要相和谐的高效和公平的方式来利用淡水"作为加拿大联邦水政策的总目标。1999年《环境保护法》将可持续发展作为立法所追求的终极目的，"将为保护加拿大人免受有毒物质污染提供一个强化的框架，加拿大人将能持续享受最高标准的环境和健康保护"。

（2）综合采用多种手段保护流域生态系统

①联邦和省政府协作保护流域生态系统

加拿大政府一向重视联邦政府及省级政府和各领地之间的合作伙伴关系，有针对性地处理有关国家和地区的重大水问题。根据《加拿大水法》，"经联邦内阁批准，环境部部长可以同各省政府共同对具有全国重要性的水域进行研究和制定计划","为保护加拿大的水资源，确保以最佳的方式利用这些资源，为维护所有加拿大人的利益制定政策和方案，在资源部部长、总督同意并会同行政局批准情况下，可以与一个或多个省级政府或地区，建立湖泊或河流流域的政府间委员会或其他机构"。《联邦水政策法》也认为："对于水资源的有效管理，无论是通过法规确定指导方针和实用的法典，还是通过范例来引导，都必须要依靠各部门、机构间的合作。必须承认国家的领导作用，建立与应用科学的研究咨询机制，从而对计划的各种需求和各种需要优先处理的问题提出建议，与各省和领地一起建立和维护针对加拿大水管理的有效的水信息系统。"

②确定流域水资源管理的生态系统管理方法

生态系统方法被认为是实现可持续发展的一种基本方法，是一种一体化的综合管理模式，强调水资源系统的各组成要素及其与人、社会、经济、环境的关系，要求人们在管理水资源过程中更多地关注水系统而不是水资源。流域管理的生态系统方法是基于生态系统所有组成部分（空气、水等自然环境，鱼等野生生物和人类）是在互相关联、互相影响的基础上发展起来的。对流域水资源管理来说，当进行水管理时，就必须要考虑该部分管理会对其他组成部分产生什么影响。而开展对其他组成部分的管理时，反过来又要关注会对水资源产生何种影响。改善河流和湖泊环境时，必须要考虑对人类及其各种活动的影响。

加拿大水管理机构已普遍把生态系统方法作为管理区域水资源与水环境的主体方法，立法也普遍将生态系统的健康纳入环境质量的内容，运用生态系统的方法预防污染。例如，1999 年的《环境保护法》规定："加拿大政府应当采取预防性和补救性措施来保护、改善和恢复环境，实施一种考虑生态系统统一性和基础特征的生态系统方法来预防污染。"

③设计了流域有毒物质双轨制的控制办法

加拿大 1999 年的《环境保护法》确定了排入环境中污染物的新型控制方法——生命周期控制和实质性消除。具体的做法为：一旦某种物质被确认为有毒物质，就需要考虑风险控制方法，即通过制定条例、指南、行为准则，对其实行从开发到生产、使用、储存、运输和最终处置的生命周期控制。《环境保护法》为有毒物质规定了大致期限，要求加拿大政府从有毒物质被认定之日起两年之内建立预防、控制措施，而该措施在此后的 18 个月内必须实施。如果一种有毒物质是难以降解的、生物累积的，并且主要是由于人类活动而产生的，就要考虑实行"实质性消除"。实质性消除源于《加拿大有毒物质控制政策》，适用于那些高毒的、在动植物和人类体内累积的、需要很长时间才能被自然分解的物质，诸如 DDT、DOXIN、呋喃等，需将此类物质浓度降低到可排放标准以下。如果相关的社会、经济技术因素不能立即实现实质性消除，政府可以设定一个稍高的标准或分阶段逐步达标。部长通过制定行政规章，规定任何来源的、可能单独或与其他物质结合进入环境的物质浓度与数量标准，并采取相关预防、控制措施。有关的公司也必须制定"实质性消除计划"来达到强制性排放限制。实质性消除计划纳入《环境保护法》，使加拿大在有毒物质控制方面遥遥领先于包括美国在内的发达国家（徐伟敏，2001）。

④规定了水污染的预防原则

加拿大各水资源立法都确立了水污染的预防原则。《加拿大水法》第1条规定:"本法的目的是通过预防水污染,减少给国民健康和环境带来的危害,并正确地维护如河流、湖泊、沼泽等公共水体的质量,使全体人民有一个卫生、舒适的居住环境。"《联邦水政策法》确定了保护和改善水资源的水质目标,"这一目标意味着预防加拿大的水被有害的物质污染,并致力于恢复已经被污染的水。现在已经认识到,单靠各种严格的法规和规范而没有经济激励和处罚机制,并不能保护我们的水资源免受污染。本政策强调推广污染者付费的原则,该原则将重新规定责任人为减少污染所需要承担的不可避免的费用。其结果是将环境作为整体来考虑,使所有的加拿大人所付出的费用与他们所获得的权益更匹配"。

（3）加拿大流域管理体制

加拿大在联邦和省级政府分别设立不同管理职能的流域管理机构,同时根据不同的情况在某一流域设定特定的流域管理机构,并且诸多民间的流域协会也发挥着重要的作用。联邦流域水资源管理机构负责对流域水资源实施综合管理,其职能主要由环境部、渔业与海洋部、农业部等承担。

省级政府成立专门的流域水资源管理机构,负责执行流域管理的具体工作,是管理机构的核心。各省将原来分布于该省政府诸多机构的流域水资源管理权集中于一个或少数几个机构,如大不列颠哥伦比亚省成立了菲沙河理事会;萨斯喀彻温省成立了萨斯喀彻温水公司,将省政府拥有所有权的各供水厂和污水处理厂划归该公司经营管理，同时把水资源与水环境的各项行政管理任务也交由该公司负责；阿尔伯特省将原来的环境厅、公园与森林厅、土地与野生生物厅合并为环境保护厅，使原来分散于省政府3个部门的流域水资源管理权集中到一个部门。各地方政府为了适应联邦和省政府的流域水资源管理机构的改革，也将流域水资源管理机构进行了较大的调整，使调整后的地方政府能更高效地执行联邦和省政府流域水资源管理机构的各项政策和法律，如加拿大弗雷泽河流域根据广泛接受的《可持续发展宪章》建立了流域理事会。

同时，为了更好地管理加拿大的水资源，加拿大还成立了协会组织，如水资源协会、淡水管理委员会、地下水（井水）管理协会等，这些协会积极参与各种水问题的讨论，强调公众监督及参与，甚至参与制定水质标准。值得一提的是，淡水管理委员会鼓励采用生态系统的方式来保护水生生态系统，共同管理流域水资源。

此外，对于跨界河流的管理，常规的做法是成立联合管理委员会，共同管理。如美国和加拿大通过国际协定建立了国际联合委员会处理两国跨界河流问题。

1.3 水污染治理典型案例——五大湖

北美五大湖位于美国和加拿大的交界处，按大小顺序依次为苏必利尔湖、休伦湖、密歇根湖、伊利湖和安大略湖。其中，除密歇根湖为美国独有外，其他四湖为美国和加拿大两国共有。五大湖素有"北美地中海"之称，是世界上最大的淡水和地表水系统，总面积达 24.4 万 km^2，美国占 72%，加拿大占 28%，总蓄水量为 226 840 亿 m^3，所蓄淡水占世界地表淡水总量的 1/5。五大湖流域面积为 52.2 万 km^2，南北延伸近 1 110 km，从苏必利尔湖西端至安大略湖东端长约 1 400 km。五大湖每年流出的水量不到总水量的 1%，故一旦湖水受到污染，在短期内很难清除。

1.3.1 水环境污染和治理历程

随着 20 世纪初期世界经济增长中心从西欧转至北美，在美国东北部和中部分别形成波士顿—纽约—华盛顿城市群和五大湖城市群。五大湖城市群的繁荣发展，使当地获得了巨大的经济利益，同时也给原有生态环境系统带来很大的冲击。如早期未经处理的工业废水直接排放到水体中，污染了湖区大部分河流，森林砍伐、农业开垦导致土地裸露、水土流失加剧，城市迅速扩张造成野生生物栖息地大量减少，过度捕捞造成渔业资源匮乏，农药和化肥的大量使用引发水体富营养化等。20 世纪 40—60 年代，当地有机化工和冶金工业得到大力发展，导致大量重金属和有毒污染物质进入水体。重金属污染由于毒性强、具有累积性、不能被生物降解等特点，对水生生物和人类的健康危害极大。此外，汽车普及造成含铅废气排放量的增加以及化肥、杀虫剂的广泛使用，也加剧了五大湖的水污染。五大湖水环境恶化所造成的不良后果日益显现出来。到 20 世纪 60 年代初期，伊利湖的西部和中部已经由良性的好氧生态系统转变为恶性的厌氧生态系统，每年夏天，水体由于严重富营养化而引发水华现象，藻类大量繁殖，水面污浊不堪。另外，受城市扩张影响，湖区内湿地面积损失将近 2/3，湿地的减少又压缩了野生生物的生存范围，许多物种消失或濒临灭绝。同样问题也不同程度地出现在五大湖的其他四湖中。水污染问题对湖区居民和生态系统的影响也非常突出。如 1950—1960 年，秃鹰和双脊椎鸬鹚的繁殖能力下降，当地人口出生率也降到极低水平；1971 年，在汉密尔顿的幼年燕鸥中，观察到了诸如绞形嘴、畸形脚和瞎眼等残废和畸形；1980 年，发现食用五大湖中鱼的孩子们，在生理和行为上同正常孩子存在差别（窦明等，2007）。

　　值得庆幸的是，到 20 世纪 60 年代末，五大湖水环境恶化问题逐渐引起社会各界的重视，美国、加拿大两国政府开始联手，共同治理五大湖水环境污染。1972 年，美国、加拿大两国签订了《五大湖水质协议》。1978 年，两国对《五大湖水质协议》进行二次修改和补充，着重强调了有毒污染物对生态环境的影响，减少非点源污染，着力恢复和维护湖区生态环境。进入 20 世纪 90 年代，随着一系列水环境治理措施的进一步贯彻落实，五大湖水环境状况得到极大改善：入湖营养物质大大削减，水体溶解氧逐步恢复，好氧水生生物数量增长，鱼类和水生生物体内累积的重金属含量降低，一些消失的鱼类和动物种群再次出现，饮用水质量与公共健康水平得以改善等。

　　总体来看，在过去的数十年里，五大湖水环境在被严重破坏后，又通过积极的治理取得令人瞩目的成功。但是，要保证五大湖的水质清洁和生态系统健康，仍有许多工作要做，如阻止湿地的减少、保护和维持生物栖息地、防止外来物种的入侵等。同时，五大湖的水环境恢复和治理不仅需要湖区各级政府、流域管理机构、用水户的通力合作，而且更需要来自美国、加拿大两国政府的共同努力和相互支持。

1.3.2 美国、加拿大两国在五大湖水环境保护的合作

由于五大湖的水域大部分涉及美国和加拿大两国，因此有效地治理湖区污染需要两国的共同努力。早在 20 世纪初，两国就已开始合作，从合理使用水资源发展到共同治理湖区污染。

（1）边界水条约与国际联合委员会

1909 年，美国和加拿大签订了边界水条约，并成立了国际联合委员会，目的是为了解决两国边境河流、湖泊由于水资源使用引起的纠纷。1911 年，国际联合委员会召开第一次会议，将两国委员们召集在一起就水环境等问题共同讨论。

（2）《五大湖水质协议》

1970 年，国际联合委员会关于五大湖水污染的报告促成了有关五大湖水质问题的谈判。1972 年，美国、加拿大两国签署了《五大湖水质协议》，同年，美国通过了《清洁水法》。《五大湖水质协议》规定两国必须共同努力来治理五大湖的水污染问题，首先应完成以下三项工作：第一，控制水污染和健全水环境相关法律；第二，开展有关五大湖水环境问题的学术研究；第三，加强湖区环境监测，了解治理进展和存在的问题。协议规定每 5 年复审一次，必要时签订新协议。到 1977 年，环境监测显示，排入湖内的污染物数量明显减少，水质状况显著好转。此外，通过研究决定，今后的工作重心向降低有毒污染物对生态环境的影响这一方面转移。

1978 年，《五大湖水质协议》进行了修订。在前一协议基础上，提出了恢复和维持五大湖生态平衡、限定磷排放总量、完全

禁止永久性有毒物质排放的建议；引入生态学理论，提出在恢复和治理五大湖水环境的过程中，还应考虑空气、水、土地等生态环境与人类之间的相互作用关系。协议还呼吁美国、加拿大两国"实质性地"禁止向五大湖排放难降解有毒物质。1983 年，水体中磷负荷削减量附加到《五大湖水质协议》中，并针对伊利湖和安大略湖的富营养化问题制定了削减目标。1986 年，美国湖区 8 个州的州长签署了《五大湖有毒物质排污控制协议》，之后，加拿大安大略省和魁北克省也在该协议上签名。

1987 年，《五大湖水质协议》进行第二次修订。协议着重强调对非点源污染、大气中粉尘污染和地下水污染的治理，并首次提出实行污染排放总量控制的管理措施。此后，一大批旨在改善五大湖水环境质量的政策、项目出台并实施。如 1990 年，在国际联合委员会两年一次的报告中提到，即使是将难降解有毒物质的排放量控制在较低的水平上，也会对孩子的健康构成威胁，由此委员会提出将苏必利尔湖设计为难降解有毒物质的"零排放"示范区。1991 年，要求削减酸雨的美国、加拿大《空气质量协定》签署，同年，两国政府以及安大略省、密歇根州、明尼苏达州、威斯康星州 4 省（或州）政府就"恢复和保护苏必利尔湖的两国合作计划"达成共识。

1.3.3 五大湖委员会

（1）委员会的成立及其职能

五大湖委员会是在 1955 年由五大湖区相关州依照《五大湖流域协议》联合成立的一个机构，于 1968 年获得美国国会通过，它是旨在对五大湖流域和圣劳伦斯河的水资源（包括相关资源）进行有序、综合、全面使用和保护的一个州际性紧凑型机构。其成员包括美国五大湖区域的伊利诺伊州、印第安纳州、密歇根州、俄亥俄州、宾夕法尼亚州、明尼苏达州、纽约州、威斯康星州8个州，加拿大的安大略省和魁北克省是准会员成员。1999年，委员会联合发布了一个《伙伴关系宣言》，确立了全体会员之间的伙伴关系。五大湖委员会专员来自8个成员州，每个州由3～5名代表组成一个代表团（设主席1名），这些成员的身份包括该区高级官员、立法会议员，也有州长或总理委任的成员，每个州代表团的主席在委员会董事会中任职。

五大湖委员会作为一个协议型公共机构，其主要使命是代表并帮助五大湖流域和圣劳伦斯河地区的地方政府成员统一表达利益诉求，集体履行保持整个区域活力、保护公民健康的职责。委员会的主要作用在于促进区际的沟通交流、建议共识、政策协调、教育、信息一体化等。该委员会的目的是履行《五大湖流域协议》的相关条款和要求，促进五大湖流域水资源的有序、综合、全面的开发、利用和保护。自成立以来的60多年中，五大湖委员会一直充当着运用可持续发展原则来开发、利用和保护五大湖流域和圣劳伦斯河地区自然资源的先锋角色。委员会充分认识并主动促进环境保护和经济发展之间的平衡，对各种公共政策问题和发展机遇秉持综合、客观的态度，不断积累自身的声誉。委员会的所有活动都是为了实现经济强大并不断增长、环境健康、公民生活质量提升的愿景。为此，委员会主要通过3个功能实现发展愿景目标：一是在会员之间以及整个五大湖流域和圣劳伦斯地区搭建交流平台，提高区域沟通协商水平；二是开展政策研究和进行区域开发，对涉及区域利益的问题进行协调；三是拥护和支持所有成员一致同意的立场或观点。五大湖委员会是世界上唯一涉及国家—省之间的跨界协调组织，它的存在和发展立足于加拿大和美国两国的联邦法律，得益于与安大略省、魁北克省之间独特的跨国伙伴关系，事实证明这确实是利于跨部门协作、协商的制度安排。

（2）运作机制

五大湖委员会作为区域型的协商机构，获得了来自科学领域、政策领域和技术领域的一些富有经验的专职人员的支持和拥护，其讨论的问题非常广泛，主要涉及环境保护、资源管理、交通运输和经济发展等问题。在其具体运作中，如何确立一个问题、讨论一个议题，或推荐成为成员等工作，委员会及其专业组的结构发挥着十分重要的作用。

从治理结构来看，五大湖委员会由董事会领导，其主要工作由 12 个专业工作组进行，12 个工作组包括五大湖空气沉积项目管理团队、五大湖疏浚队、五大湖信息网（法律信息网）咨询委员会、五大湖观测系统区域协会、水产滋扰物种小组、土壤侵蚀和沉积专责小组、大湖风能协作组、入侵物种贸易咨询委员会、密歇根湖监测协调委员会、密歇根州全州公众咨询委员会（SPAC）、全国保护区协会（NACD）、有毒气体污染物督导委员会。其中，每个工作组都是一个跨国、跨州的协调机构，其成员来自五大湖委员会包含的成员州或省。每个工作组在董事会的统一协调领导下，相对独立地开展专业化的区域协调和区域环境保护工作。与此同时，更多的观察员组织——包括美国和加拿大联邦政府、地方和部落政府等也广泛地参与委员会的活动。

从经费支持来看，五大湖委员会所有的计划和项目都是与多个机构建立合作伙伴关系的结果，特别是获得了很多机构（政府、企业、基金会等）的金融支持。2010年，五大湖委员会总共收入642万美元，其中绝大多数经费来自于捐赠，约占90%以上。

从具体的工作机制来看，五大湖委员会在8个州协商一致的基础上，每年5月举行半年工作会议，每年10月举行年度工作会议，讨论并通过五大湖地区的规划或发展决议。通过充分讨论使区域分歧达成一致，为采取共同行动奠定坚实的思想基础。

（3）战略规划

战略规划是引导一个组织持续健康发展的重要保证，更是开展相关工作的行动依据。2007年，五大湖委员会制定了5年工作规划（2007—2012年），主要是围绕自身的主要职能和五大湖地区面临的环境问题，制定了包括愿景、使命、目标和战略行动等内容在内的五年行动规划，突出强调了五大湖委员会将在区域沟通、教育、信息集成和报告、区域便利化和建立共识、政策协调和宣传工作等领域发挥更加积极的组织和领导作用。

具体而言，五大湖委员会重点加强以下四个方面的工作：一是加强区域沟通和教育工作，旨在提升区域生态系统管理以及环境质量和经济增长之间关系的公众意识，教育并引导区域政府、企业、市民等多元利益相关者更加积极地参与五大湖地区的环境政策制定工作。二是加强委员会的信息集成和报告工作，重点研究、收集、组织和提供各成员单位的数据和信息，包括单独和集体信息、区内信息和区外信息等，为决策者进行规划、资源管理和其他活动提供信息和数据支持。三是加强促进和建立区域共识工作，五大湖委员会围绕成员行政管辖区和多元利益相关者关心的一些重要议题来召集和主导多方论坛、项目和活动，特别强调通过召集区域论坛，确认一些新出现的问题和思路，并提供研究报告、观点共享会和辩论等活动，以便让成员对潜在解决方案达成区域共识。四是强调政策协调和宣传工作的重要性，委员会帮助区域用一个声音说话，对所有成员达成的共识性问题提供协调、支持和宣传；协助和支持其成员坚持共同立场；委员会实施宣传计划并开展与其他区域级、国家级和国际机构之间的协调活动，而在政策立场的宣传上，委员会有最大的包容性，欢迎提出各种反对意见或观点。与此同时，在其每个工作体系下面，制订了一套具体的行动方案和实施计划，支撑和落实规划目标的实现。

1.3.4　对我国的启示

我国正处于经济转型、城市化和工业化的快速发展时期，水环境污染日趋严重。党的十八大以来，党和国家开展了一系列体制机制改革，生态环境呈现稳中向好的趋势，2018 年"两会"的召开宣布成立新的生态环境部，从根本上解决多元治水、多头治水的体制机制问题。当前如何打破行政区划的束缚，构建跨行政区的流域治理新体系，是全面落实党的十九大精神和深入贯彻习近平生态文明思想的重要要求。而地处美国和加拿大两个主权国家交界地带的五大湖地区较为成功的跨国治理经验，无疑对我们实施跨界污染治理具有重要的启示作用。

（1）先行树立区域生态系统治理新理念，克服和消除特殊的地域情结和认同危机

行政区划不仅是政治权力的空间投影，也是民众社会心理的一道分界线。隶属不同行政区的民众往往会产生一种特殊的地域情结或归属感。这种地域情结往往给跨界流域的污染治理带来认同危机，特别是在利益驱动下，甚至在跨界区域形成敌我式的对立和矛盾。例如，我国地处沪、苏、浙三省市之间的太湖流域，以及地处苏、鲁、皖、豫四省交界的南四湖（昭阳、独山、南阳、微山湖四湖）地区，迟迟难以建立有效的跨界污染治理制度框架。跨界污染有日渐恶化的趋势，对社会稳定带来显著威胁。究其原因，作者认为首要原因在于当地各级政府缺乏应有的区域观念和流域生态系统的思想，在地方利益驱动下，使其在环境治理中存在显著的"以邻为壑"思想；对进行区域化、系统化的跨界治理，民众没有从内心中达成共识，区域诚信度不高，也就是对区域跨界污染治理存在差异化的认同危机，缺乏应有的积极性和主动性。中国要想彻底解决日趋严重的跨界污染问题，就需要各级地方政府转变发展理念。像五大湖地区一样，跨界地区的政府和民间社会都要树立生态系统治理的新理念，充分认识到跨界污染治理不仅是一个包括水、土、大气等生态要素的统一体，更是需要相邻行政区采取统一行动的利益共同体。只有跳出狭隘的地方化情结，消除跨界治理的意识障碍和认同危机，才会在共同利益导向下构筑有效的跨界治理体制和运行机制。

（2）制定强约束力的政府间协议

对我国的诸多跨界河流而言，由于存在司法地方保护现象，

无法有效处理相邻行政单位企业给当地流域造成的跨界污染行为，是跨界污染治理面临的最大难点。根据美国和加拿大五大湖地区的治理经验，我国跨界流域的相邻行政区政府之间，应该制定统一的污染治理规划和政府间协同治理污染的相关协议，特别是要制定诸如《边界水环境利用条约》《××流域跨界治理联合章程》之类的政府间专项协约，明确规定每一方政府在流域水资源开发利用和环境保护中承担的职责和义务；在开展重大建设工程时，要取得相邻行政单位的同意，以便通过相互制约、相互监督的方式达到跨界污染的协同治理。尤其需要指出的是，目前我国一些地方在治理跨界污染方面，已经制定了一些类似协议。如我国云、贵、川、藏、渝等西南5省（区、市）及相邻地区共计11个省（区、市）在四川省成都市共同签署的《西南地区及其相邻省区市跨省流域（区域）水污染纠纷协调合作备忘录》；珠三角区域福建、江西、湖南、广东、广西、海南、四川、贵州、云南9个省区和香港、澳门两个特别行政区环保部门制定的《泛珠三角区域跨界环境污染纠纷行政处理办法》等。我国应该将各跨界流域政府之间所签订的这些契约或协议视作法律体系的重要补充内容，当双方发生纠纷时，应该通过法院调解来处置，增强政府间协议的实效性和权威性。

（3）跨界流域设立超越地方政府利益、独立的第三方利益协调与决策机构

根据五大湖地区的跨界水质治理经验，在跨界流域的水污染治理中，拥有一个真正代表跨界地区利益（超越地方利益）、独立的跨界水质协调和决策咨询机构（如国际联合委员会），对推进多边政府依法落实流域水质保护协议具有至关重要的作用。目前我

国的环境管理行政体制只要求本地政府对本地环境负责，这是导致"跨界污染"愈演愈烈的主要原因，也是造成我国水环境质量总体恶化的主要因素之一。事实上，我国《水污染防治法》明确指出，水污染控制要做到流域管理与行政区域管理相结合。可是，由于我国目前实行的流域管理是以部门管理与行政区域管理相结合的管理体制，导致流域管理难以真正发挥效力，流域上下游之间污染转嫁，增加了协调治理污染的难度，从而使得跨界水污染问题成为难治之症。因此，加大改革我国环境管理的地方化体制，将跨部门管理与跨行政区流域管理相结合，在跨界流域设立独立的、超越地方政府利益的第三方水资源协调与管理机构，如跨界流域水质管理委员会或环境保护理事会等跨界机构，依法赋予其发现问题、研究咨询和处理跨界水质纠纷的职责，建立健全双边或多边的利益协调机制，如信息互通共享机制、联合采样监测机制、联合执法监督机制、协同应急处置机制、生态补偿机制等，以此来保护跨界流域的水质环境。对我国跨界污染比较严重的典型流域，如跨越沪、苏、浙三省市的太湖，跨越苏、皖两省的奎河等，先行试点、总结经验，在此基础上，不断完善并向全国其他跨界流域推广。

（4）建立健全跨界流域水质治理的社会参与机制，构建跨界水质保护的第四方力量

跨界流域的水质保护关系着广大民众的生命健康与生活安全，是一项典型的民生工程和社会稳定工程。因此，通过建立健全社会参与机制，让当地民众积极参与水质保护的实践，依法保障民众对环境保护的知情权、参与权、建议权，促使保护跨界流域水

质成为当地所有民众的自觉意识和行动，是治理好跨界流域水质环境的重要社会基础。为此，一方面要充分发挥大众媒体的作用，及时、准确地报道各类跨界污染事件，做好跨界流域水质保护的舆论监督和信息公开工作，真正发挥社会治理特有的第四方力量；另一方面，要积极引导和教育广大人民群众，形成科学的消费方式和生活习惯，最大限度地降低对水资源的消耗和污染。与此同时，要在跨界流域组建水环境保护的民间组织、发展论坛、学术研究团体等参与形式，营造跨界流域环境保护的社会氛围，最大限度地提高环境保护的社会参与度。

2 加拿大饮用水水源地保护经验

加拿大河湖众多，水域面积为 $7.55 \times 10^5 \, km^2$，约占国土总面积的 7.6%；年径流量为 $2.267 \times 10^{12} \, m^3$，居世界第五位。尽管水资源总量较为充沛，但加拿大近年来仍然高度重视对饮用水水源的保护，生态系统管理与流域管理方法得到了广泛应用，其相关策略和经验可为我国丰水型和水质型缺水地区的水源管理提供参考。

2.1 加拿大饮用水水源保护实施框架

加拿大水资源十分丰富，拥有世界 9% 的可更新淡水储量，但其水资源时空分布与人口分布并不协调，南方地区聚集了全国约 90% 的人口，而 60% 的淡水资源却分布在北方地区，此外年均降水量的 36% 为降雪，积雪期和融雪期径流流量差异明显。

加拿大在饮用水水源的管理体制上，联邦政府并未设立专门机构，水源的管理权大都下放到省一级。其饮用水水源地管理的突出特点是对地表水与地下水的集成管理模式，是一种综合利用集水区自然资源（水、土壤、植被、野生生物）的原理和方法，强调地方分权，实行分担决策、相互合作、引入利益方等措施。安大略省是加拿大饮用水水源保护的典型代表，其对饮用水水源的保护工作是加拿大饮用水水源保护理念发展的一个缩影。该省在 20 世纪 70 年代就颁布了《水资源法》，开始关注水资源的保护和开发。2000 年，其所辖的沃克顿镇暴发了加拿大历史上最严重的大肠杆菌传染疾病，造成至少 7 人死亡，2 300 人感染生病，事后调查发现是饮用水受到污染所致。此后，饮用水水源保护工作更受到该省高度重视，从 2002 年起先后通过《安全饮用水法》和《水与污水系统可持续发展法》，前者规定了供水保证率的安全标准，强调饮用水水质标准、饮用水系统标准、饮用水检测标准的重要性；后者要求全面评估供水以及污水处理成本，使水价能够充分反映供水所需费用，确保市政基础设施和水资源得到有效利用。

第六版《加拿大饮用水水质标准》（1994）中包括微生物学指标、理化指标和放射性指标，共 139 项，其中最有特点的是该标准中规定的放射性指标有 29 项之多。上述指标值是基于危险管理概念制定的，并包括以下几个严格的步骤：确认、评价、定值、核准和标准的颁布和公布。在此过程中，很重要的一步是由加拿大卫生部对饮用水中的某种物质对人体所造成的健康危险进行科学的评估，并推荐出合适的指标值。现行加拿大饮用水的质量方针是由联邦、省、地方饮用水委员会（CDW）和加拿大卫生部出版。它取代了以前所有的电子版和印刷版，包括第六版的加拿大饮用水水质指南（1996）。现行水质指标中仍包括微生物学指标、理化指标和放射性指标，共 104 项，其中化学指标为 91 项，而放射性指标减少为 8 项。

微生物学指标中，饮用水中大肠杆菌的最大可接受浓度（MAC）为 0 个 /100 mL 水样。由于饮用水中大肠杆菌的分布不均匀，受取样的限制，因此，在饮用水中满足下列条件的即可以认为是达到了大肠杆菌的 MAC 标准：所有 100 mL 样品中的总大肠杆菌不超过 10 个，且不应是粪型大肠杆菌；从同一取样点连续取样不应监测出大肠杆菌；对小区饮用水供应：①一天中从小区的取样点所取样品中，含有大肠杆菌的取样点数量不大于一个；②最小 10 个取样点中含有大肠杆菌的样品数不应大于 10%。如果检测到一个取样点的大肠杆菌数大于 10 个 /mL，或者每升水样的平板计数（HPC）检测大于 500 个或总大肠杆菌滤膜上大于 200 个背景生物，应重新取样测定。本次没有对病毒和病原体提出指标值。如果需要检测，水样中不应检出病毒和病原体（如贾第氏虫）。

2.2　加拿大饮用水水源保护的管理体系

2.2.1　地表水源保护

生态系统管理与流域管理是加拿大地表水水源保护的有效方式，其中生态系统管理方式重视水资源系统各组成要素间以及水资源系统与人类、社会、经济、环境间的联系，强调水资源管理应更多地关注水系统而非水资源本身；流域管理方式是一种综合利用流域自然资源（水、土壤、植被、野生生物）的原理和方法，强调地方分权，实行分担决策、相互合作、引入利益方等措施。

1987 年，加拿大环境部颁布了《联邦水政策法》，制定了"保护和改善水质"和"更加科学有效地管理和利用水资源"两个原则性目标。在此背景下，水量与水质的可持续性、水源与自来水的安全性、自来水水质与公众健康的关系、供水系统短期与长期维护费用的平衡成为关注的重点。联邦政府和各级省政府相继出台了一系列水政策，将水作为生态系统的重要组成部分，与土地、环境、经济等要素综合考虑；以流域为基本单元进行水域生态系统的保护、土地利用规划、地表水资源管理的集成；将水源地敏感区土地利用规划调控作为水源保护的重要手段，优化土地利用结构，控制土地开发强度。

以不列颠哥伦比亚省为例，不列颠哥伦比亚省是加拿大四大省之一、加拿大一级行政区划之一，位于该国最西部。该省南与美国华盛顿州、爱达荷州及蒙大拿州接壤，是加拿大通往亚太地区的门户。不列颠哥伦比亚省西面靠太平洋，海岸线长达 8 850 km，全省面积 944 735 km²，截至 2011 年，全省共分 29 个地区，人口450 万人；首府位于温哥华岛的维多利亚，该省的最大城市是温哥华；主要产业是农业、林业、矿业、渔业和旅游业。不列颠哥伦比亚省气候温和，省内大部分面积是森林地带。2013 年，不列颠哥伦比亚省实际 GDP 为 2 152 亿加拿大元，比 2012 年增长了1.94%。该省 1992 年通过《饮用水安全法》，明确规定了供水企业在饮用水安全方面所应承担的责任，并制定了相应自来水中细菌的标准限值；该省于 2001 年颁布了《饮用水保护法》，制定了区域饮用水保护的规划框架；近年来则开始重视水源水质、饮用水水质、公众健康三者之间的关系。

2.2.2　地下水源保护

加拿大约 90% 的农田、38% 的城镇、30% 的人口依赖于地下水，故对地下饮用水水源的保护具有重要意义。各省均有自己的环保部，该部通常下设环保、土地管理、公园管理三个局，并在省内各地区设派出机构——地区环保办公室。除了农、林、牧、副、渔、野生动植物的保护之外，环保办公室主要职责是对工业污染、市政污染、特殊有害物质及环境质量的控制。而省级或地方的环保联合体主要负责污水和垃圾的处理。地方环保局则主管工业生产和民用生活给排水、城市垃圾处理及"三废"治理工程等。联邦政府负责解决跨界水源的纠纷；省级政府负责水资源管理；地方政府则负责当地土地利用规划的制定；保护机构通常是流域管理机构，主要负责地表水的管理，近年来也开始负责地下水的管理工作，如图 2-1 所示。对于地下饮用水水源的保护，重点在于保持地下水水质与水量的可持续性、地下水与地表水的互补性以及水与土地利用间的关联性。

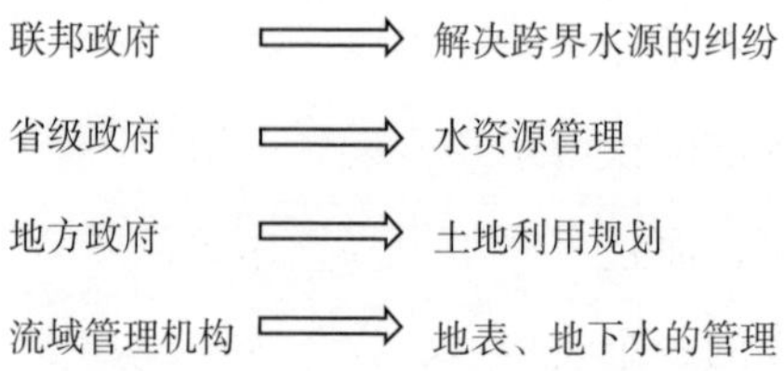

联邦政府	⟹	解决跨界水源的纠纷
省级政府	⟹	水资源管理
地方政府	⟹	土地利用规划
流域管理机构	⟹	地表、地下水的管理

图 2-1　加拿大各水源保护部门职能

安大略省是流域管理机构管理地下饮用水水源的成功范例。该省约 25% 的居民以地下水为饮用水水源，其流域管理机构在 50 多年地表水管理经验的基础上，近 10 年开展了包括数据收集、监

测、规划等内容的地下水管理工作。该省格兰德河保护机构目前
承担了对农村水质计划的制定、市政规划评议、地下水的勘探及
制图、省级地下水监测网络的建立、流域省级水井数据更新等多
项涉及地下水的管理任务。安大略省的实践表明，对地下饮用水
水源的保护是流域管理的新领域，由于地表水与地下水的水文联
系，流域保护机构能够对不同水源进行集成管理，即将地表水和
地下水统一管理。联邦、省、地方各级管理机构均在安大略省地
下水管理中扮演着重要角色。地方承诺、有效沟通、公众参与、
宣传教育是地下水管理的良好社会环境，加强对地下水的管理能
力在很大程度上取决于政府机构、市政部门、管理机构、工业企
业以及当地居民之间的交流和沟通。

2.2.3 饮用水水源保护的趋势及方向

（1）饮用水管理重心的前移

水源、原水处理、管网输配等均是确保饮用水安全的重要环
节，但原水处理系统很难去除所有潜在的化学、生物和放射性污
染物，而且当前水质标准也难以对所有潜在污染物作出规定，因
此水源保护作为确保饮用水安全的第一道屏障，不仅能够降低后
续原水处理费用，而且有助于提高饮用水的安全性。目前，加拿
大水源保护工作的一个趋势是将饮用水管理的重心前移至水源保
护环节，而非仅仅通过提高后续原水处理水平来确保饮用水水质。

（2）流域保护策略的拓展

将流域保护策略拓展至地下水源是加拿大水源保护工作的另
一个发展趋势，流域管理机构在地下水水质和水量管理方面将得

到更加明确的权责界定。以管理地下水源为目的的流域管理机构必须承担以下责任：评价水源状况、分析地下水源变化趋势、解决跨行政边界的水源纠纷、关注水源信息及存在的问题、加强不同机构间的沟通和协调、增强各级政府间的联系，具体包括以下内容：监测地下水状况，为相关法规、政策、规划的制定及实施提供资金和技术支持，向流域土地拥有者和居民宣传与地下水相关的最佳管理方法及可采取的措施，与地下水工作组或委员会进行信息交流和沟通协调。

（3）水源保护与土地规划的集成

加拿大省级政府通过制定与土地利用规划相关的法律，为水源保护工作提供合适的制度环境及相应的政策；而地方政府则负责具体的规划制定和实施。因此，为更好地保护水源需经各级政府共同努力，寻求以水源保护为目的的、有效的、集成的土地利用管理方法。以滑铁卢地区为例，近期一项研究结果显示其水源保护能力的增强主要有三方面的原因：①相关专业知识的充分应用，财政、技术、人力资源的合理配置；②政府及社会各方对水源保护的有效承诺；③土地与水资源管理目标的高度集成。

（4）各级政府及当地社区的参与

各级政府及当地社区的积极参与和合作是决定水源保护工作成败的关键。加拿大各省以往并未完全放权给地方政府进行以水源保护为目的的土地利用调控，这在很大程度上制约了各地水源保护工作的有效开展。近年来，在水源保护工作方面地方政府的作用逐渐受到重视，其财政收入、人力资源、信息资源、领导能力、关系网络、政治制度等指标受到高度关注。水源保护机构的管理能力在很大程度上取决于地方政府、当地居民以及上级政府的支持。当地社区水源保护能力受以下因素的影响：地方及上级政府的领导、合理的制度环境（地方及省级政府）、充足的财政资源、适当的人员配置、翔实的数据资料、社区成员的充分支持等。

（5）费用与风险的平衡

水源系统具有复杂性和不确定性，原水处理能够降低但不能完全消除健康风险，而集成水源管理策略则能显著降低未来饮用水供给的费用和风险。当政府制定一项水源保护政策时，必须对政策实施所需费用和存在风险进行权衡，进而给出优化方案。当前饮用水管理的重点在于对终端产品的控制，饮用水供给涉及水源、原水处理、输配水一系列过程，对流域的保护有助于降低潜在风险和长期费用。近年来加拿大各省政府在供水方面面临着越来越重的财政压力，为了减轻地方政府保护水源的财政压力，政府认为调整水价是一个可行的办法，这样，水费既能保障供水系统基础设施运行和维护的费用，又提供了保护水源的费用。

2.3 评估方法

加拿大水质指数从范围、频率和振幅3个方面来判断站点水质监测数据是否超过了水质标准限值。通过指数方程可算得不同样本水体的水质指数分值取值均在0~100，根据分值将水体划分为5个级别，即很好（95~100）、好（80~94）、中等（60~79）、及格（45~59）、差（0~44）。对不同级别的水体采取不同的水处理工艺，以达到饮用水安全的目标，如表2-1所示。

表 2-1　加拿大饮用水水源水体总体等级分值及其相应说明

水质级别	分值	说明
很好	95~100	水质没有任何污染威胁或损害，水质条件非常接近自然的原始水平
好	80~94	水质只受到轻微程度的污染威胁或损害，水质条件基本保持在自然的或令人满意的水平
中等	60~79	水质偶尔受到威胁或损害，水质条件有时无法保持自然的或令人满意的水平
及格	45~59	水质经常受到威胁或损害，水质条件往往无法保持自然的或令人满意的水平
差	0~44	水质总是受到威胁或损害，水质条件通常无法保持自然的或令人满意的水平

2.4　对我国饮用水水源保护工作的启示

加拿大作为典型的水资源丰沛国家，其饮用水水源相关保护策略和经验对我国饮用水水源管理具有以下两点启示：

一是在管理机制方面，水资源相对丰沛的地区仍有水源保护的必要性，建议我国重视水源在饮用水供给系统中的重要地位，部分地区和城市不能因为水资源总量相对丰富而忽视水源保护工作，相反不仅应从水源地生态环境安全的角度予以关注，而且应上升到降低饮用水供给成本和减少水源潜在风险的高度。

二是在管理结果方面，制定合理的水源保护方案是各方平衡的产物，建议我国在水源保护工作方面重视费用与风险的平衡、各相关方利益的平衡，将水源保护的成本纳入水价成本中。我国现行水价构成要素仅仅包含工程成本、资源成本和环境成本，水价制定的出发点仅仅是补偿成本，没有体现水资源的本身价值和污水排放对环境造成损害的补偿，而且各要素间比例也不太合理，管理成本也并未纳入水价构成要素中来。长此以往，既不利于水资源保护工作的开展，又不利于水污染防治工作的开展，形成恶性循环。在管理方案中考虑各相关方的意愿，从而缓解项目经费短缺和多方利益冲突等因素对水源保护工作成效的影响。

3 加拿大地下水环境监管

3.1 加拿大地下水环境现状及地下水问题

3.1.1 地下水环境现状

世界上的水资源由 2.5% 的淡水和 97.5% 的咸水组成。世界上的淡水供应是由湖泊、河流（0.4%）、冰雪（68.7%）和地下水（30.9%）等组成的。在加拿大，地下水比地表水多。虽然自 20 世纪初以来，一直在进行地下水常规调查，但没有系统地绘制出全国范围的地下水系图。加拿大地下水资源计划旨在建立国家、区域和流域地下水系统框架。有 890 万人口（占人口的 30.3%）将地下水作为生活用水，如图 3-1 所示。

这些用户中大约有 2/3 居住在农村地区。在大部分地区，取用地下水比从湖泊、河流中取水的费用更便宜。剩余用户主要分布在以地下水为主要供水源的小城市。例如，100% 的爱德华王子岛人口和超过 60% 的新不伦瑞克人口依靠地下水来满足他们的生活需要。

此外，地下水的主要用途因省而异。在阿尔伯塔省、萨斯喀彻温省和曼尼托巴省主要用于牲畜的饮水；在不列颠哥伦比亚、魁北克和西北地区主要用于工业；纽芬兰岛和新斯科舍主要用于农村生活。而爱德华王子岛的所有用水则几乎完全依赖地下水。

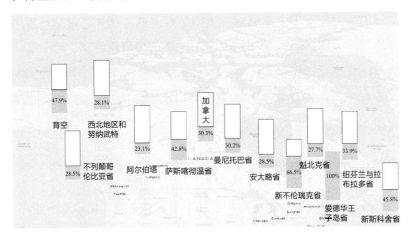

图 3-1　使用地下水的人口所占的百分比

注：图 3-1 显示的是使用地下水的人口所占的百分比（只包括市政、生活和农业用水）。加拿大：30.3%；阿尔伯塔省：23.1%；不列颠哥伦比亚省：28.5%；曼尼托巴省：30.2%；新不伦瑞克省：66.5%；纽芬兰岛与拉布拉多省：33.9%；西北地区和努勒武特：28.1%；新斯科舍省：45.8%；安大略省：28.5%；爱德华王子岛：100%；魁北克省：27.7%；萨斯喀彻温省：42.8%；育空：47.9%（此统计数据基于 1996 年的人口数据）。

　　地下水可以用作热源。在加拿大各地的一些机构中，对地热水的使用进行了研究。穆斯乔市为公共游泳池和娱乐设施开发了地热供暖系统。渥太华卡尔顿大学已经利用地下水来加热和冷却建筑物。新不伦瑞克的卫生中心大楼自 1995 年以来一直在利用地下水储热。

　　在西北地区和努勒武特的大部分地带是结冰的加拿大地盾岩石或冻土（永久冻土）。这两种地质都抑制了地下水的流动。但也有例外，西北地区西部的麦肯齐山脉和育空湖西南部的石灰岩地带的土壤、裂隙岩石和冰川碎屑也能储存和释放地下水。

汽油储罐、干洗溶剂泄漏，垃圾填埋场和工业废物处置场化学物质泄漏等对地下水造成污染的事件引起了加拿大公众对地下水质量的关注。1990 年年初，在安大略的黑格斯维尔，轮胎起火引起的化学渗透污染了当地地下水补给区。2000 年 5 月，在安大略沃克顿，大暴雨将牛粪冲进水井中，粪便中的大肠杆菌污染了水源，造成居民生病和死亡。

3.1.2　地下水问题

地下水问题主要有废物的处置、泄漏和渗漏、化学品的使用、海水入侵、开发利用不当等。

（1）废物的处置

为处置工业和生活产生的废物，加拿大约建有 11 000 个填坑。大部分化学制品是有机溶剂，特别是氯化物溶剂，还有其他有机物（如多氯联苯）。生活废物处置方面，在加拿大约有 200 万个化粪池，其中的微生物、硝酸盐、有机溶剂是主要污染源。陈旧的、易泄漏的城市排污管道也会造成地下水污染。

（2）泄漏和渗漏

在加拿大估计有 20 万个汽油和柴油的地下贮罐。大部分是未加防护的钢制品，相当一部分已使用大约 20 年。估计有 5%~20% 的贮罐可能发生泄漏。

（3）化学品的使用

公路化雪盐在大西洋沿岸各省、魁北克、安大略是一种常见的水井污染源。化肥会造成硝酸盐污染；加拿大一些地区的硝酸盐浓度已达到 10 mg/L 以上。农药是造成地下水污染的重要原因之一。1981年，大约有17万km^{2}的农田过度施农药。

（4）海水入侵

这是所有滨海地区存在的一种潜在或实际问题。因为海水入侵是随地下水的利用而变化的，并很可能随这些地区住宅和工业的开发而增加，所以在很大程度上海水入侵是供水管理的一个函数。在某些地区，还把入侵的海水用于水产养殖。

（5）开发利用不当

钻井和水井的不良结构往往加重来自污水系统、农业和公路化雪盐的污染，管理人员认为这是更严重的问题。在石油和油砂工业中，深井回漕普遍用于排水和资源开采，而在大草原地区（主要是阿尔伯塔省），深井还用于废水排放。在安大略省，深井的废水排放导致了一些环境污染问题，并已停止使用。当污染物用加压回灌通过裂隙、不合格的报废钻孔或损坏了的套管进入饮用水含水层时，会导致地下水污染。

（6）其他

加拿大是一个主要的产铀国，有14座商用和15座研究用反应堆在运行，生产大约全球2/3的商用放射性同位素；有11个得到许可的暂时贮藏设施和一些未经许可的较早期的放射性场地。曾报道这些场地发生过局部的放射性同位素泄漏。暂时还没有选定永久性处置设施，正在寻找可接受的场地。高能级放射性废物优先选择在火成岩中深埋处置。

来自26个燃煤火电厂的煤、灰堆和泥浆池是一个潜在的地下水污染源（酸性污水、重金属、砷、硒、硼），暂时未知是否已存在污染。

3.2 地下水管理体系

在加拿大宪法里，省政府进一步把维护饮用水安全的任务委托给地方卫生部门和市政当局。加拿大环境部已宣布要对地下水进行调查评价，由省政府和其他有关部门制定适当的战略、全国性方针和活动，并针对地下水问题进行研究、技术开发；制定示范性的地下水管理办法，提出改善过渡类型地下水水质的措施，为全国的地下水问题提供信息和建议。

地下水管理以地下水保护为目标：保护特定地理界限内所有的水免遭污染；保护所有水资源不受特殊污染源或放射性（如采矿、废物处置）污染；利用地下水和地表水供给饮用水。地下水供水的管理通常指对水质的保护（如钻井取水）；土地的管理也逐渐包括对地下水的保护。所有的省都制定了地下水管理和保护的相关法律和规定。尽管这些法律和规定没有形成保护地下水的统一系统，但它们从不同角度对环境进行保护和管理。联邦政府在以上所列的责任范围内都有相应的法律和规定。体制上的管理方法是把权力广泛地分给不同的机构。把地下水保护不同方面的管理赋予同一部门的不同团体或甚至不同政府部门的做法并不少见。在联邦和省级政府机构是按以下范围划分的：负责供水管理的机构；负责控制特殊污染源排放（如废物管理、农药、采矿）的机构；负责饮用水安全的机构；负责监测水质的机构；负责研究和技术开发的机构。这些团体间的协调、交流和合作情况较好。在联邦政府，加拿大环境部在所有影响环境的问题中起顾问作用。由于联邦环境部和省的职责重叠，还由于加拿大和美国之间有许多共享水资源，因此，联合委员会、管理机构相当重要。虽然有时他们可能使管理更为麻烦，但这些团体往往促进不同权限和利益之间的协调和平衡。

其他管理方法有：监测地下水水量和水质；收集和保存数据；测绘省级水文地质图；在有限的范围内，划分出敏感带；提供培训和公共教育；参与诸如废物管理等各种特殊计划。

3.3 加拿大地下水管理案例

3.3.1 石油管网泄漏应急管理案例

Enbridge 公司（以下简称公司）是北美地区最大的油气管道输送企业，其业务涉及油品（原油和成品油）输送和天然气输送，已形成了完整的油气管道运输产业链。

（1）环境事故应急反应

公司建立了完善的应急计划，应急物资储备充足，可用于紧急事件的处理。2005 年，在管道液体输送阶段发生 70 起可报告的泄漏事故，造成 9 825 桶油品泄漏，这些事故绝大多数发生在站场内（部分为该公司运行的原油集中处理站场）；天然气销售系统发生了 48 桶当量的泄漏，而天然气长输系统没有报道的泄漏事故。每一起事故均采取了积极的应对措施，如关闭系统、控制污染、协调周边关系等。

（2）应急预案

公司应急预案的基本框架如图 3-2 所示。由图 3-2 可以看出，公司应急预案主要由七部分构成：应急管理委员会在事故状态下是公司最高决策机构，同时负责公司应急工作的日常管理；应急程序与策略是预案的核心内容之一，主要描述应急中每个部门的职责内容，与之相对的要素是应急预案演练，只有通过不断的演练才能保证应急程序与策略的有效性，并保证预案涉及的人员对自身应负责任和行动的知晓；预案明确规定储备足够的应急装备，同时必须考虑管道周边的大型设备、医疗保障、消防保驾、警力军力等外部应急资源，保障管道抢修顺利实施；公司内部信息沟通与通信、对外信息通报也是预案非常重要的组成部分。公司高度重视预案的演练，2005 年，公司在美国和加拿大两地组织了应急演练 190 次，演练的形式从预案延伸到全规模实地合演。同年，公司液体输送管道系统还进行了几次很有意义的演练，演练前没有预先通知参与者，因此增加了演练的真实性，有利于提高演练质量。

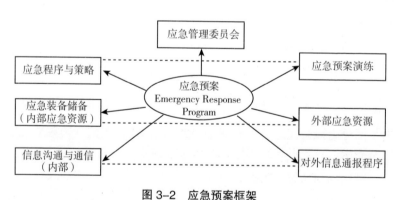

图 3-2　应急预案框架

（3）现场评估

管道泄漏事故，特别是输油管道事故发生后，公司规定必须迅速进行现场灾害评价，为后续环境恢复做好准备。现场灾害评价结果基本可分为4个部分：

①危害范围确认。经过分析，确定污染物影响的范围，包括土壤、地表水、地下水等受影响的范围。

②污染程度确认。调查事故周围土壤、地表水、地下水及各类沉积物的特征，辅以事故发生过程，分析环境受影响程度。

③现场条件调查。深入分析现场周边的交通、社会环境等条件。

④修复计划。提供能达到政府修复标准要求的修复计划。

经过现场评价，对当地情况有了全面了解，有利于开展修复行动。一般情况下，环境修复是在第一轮控制性抢险结束后进行的，时间相对宽松，可进行快速评估。

（4）应急效果检测与回顾

公司在事故抢险、环境修复结束后要进行应急效果的检测与回顾，抢险效果良好的标志主要包括：应急活动中没有涉及员工和公众的安全事件（无次生事故）；有效的通知、报告制度；资源的有效动员；有效的指令链；环境敏感区域的辨识与保护；最小化的泄漏影响和应急操作；与媒体、利益相关方及公众的主动沟通。

此外，还要对应急过程认真回顾：分析检测结果；应急程序是否需要更新，以及新程序执行情况；应急设备的配备是否能满足应急需求；还要追溯到设计、施工过程的欠缺，以及应急中反映出的人员培训问题等。回顾中不仅涉及公司内部的员工，还涉及承包商、法定应急机构等。回顾过程为应急工作的不断改进提供了制度保证。

（5）泄漏现场的跟踪监测

利用泄漏现场的跟踪监测结果，公司可对液体管道泄漏点进行重新评估。虽然有些泄漏发生于 50 年前，且符合当时的处理标准，但已不能满足目前的标准。于是，公司针对过去的环境风险事故制订了一套详细的管理方案，包括监测、评估等，然后将其分类，有些继续跟踪监测，有些要投入力量进行研究。

例如，针对 1999 年发生的一次原油泄漏事故（加拿大萨斯喀彻温省里贾纳市附近发生，泄漏原油 20 600 桶），公司对现场进行了持续跟踪监测和修复，将污染严重的表土移出事故现场进行异地处理，留下污染较轻的土壤采用生物降解的方法处理。2001 年，公司还对现场进行了土地复耕和景观美化工程。

（6）启示与建议

Enbridge 公司卓越的环境管理经验，对我国油气管道运输企业提高环境管理水平，加快与国际接轨，均有较好的借鉴作用，为此对我国企业提出以下建议：

①关注温室气体排放管理

当前，国际大型管道公司都非常重视温室气体排放管理，积极寻求替代能源，减少温室气体排放量。我国政府根据现阶段国家发展的需要，暂时还没有温室气体限排法规，但随着国家的发展和企业承担社会责任、环境责任的需要，温室气体排放问题将会得到高度关注。我国管道公司应该把这一问题作为生产经营过程中的一个风险管理，风险来自政府监管的强化、社会舆论的压力和资本市场的要求等，应当未雨绸缪，制定温室气体排放管理和削减的长远规划，有效控制风险，实现企业平稳发展。

②认真做好"传统"环境要素的管理

虽然相对于油气田污水、废气、噪声、固废这些"传统"污染物，油气管道企业污染排放量相对较小，但也应引起足够重视。借鉴 Enbridge 公司经验，适时开展对输油管道沿线地下水的监测工作，对水源地、自然保护区、生态敏感区附近的监测计划也应尽快制定和落实。

③重视事故抢险过程管理

建议我国油气管道公司进一步规范事故抢险工程，特别是油品泄漏事故抢险的后期管理。认真做好应急和环境修复效果的评估，制定对泄漏点长期、持续的监测计划，不留后患，更好地体现企业的社会责任和环境责任。

3.3.2 污染场地地下水防治案例

毗邻加拿大温哥华入海口的沿海含水层存在金属污染，主要是精矿储存和处理以及精矿运输所导致的。土壤中硫化物矿物的氧化以及重金属（铜、镉、钴、镍和锌）的释放和向下运动造成了潜水含水层中浅层地下水的污染。

含水层和非饱和层主要由三角洲沉积的砂、砾石和卵石组成。多年来，人们填充了海岸线，以扩大海岸线。潜水位埋深 20 m，受入海口潮汐变化的影响。沿海岸线的监测井观察到，潮汐波动可导致水头波动 4.1 m 以上。含水层上部 15 m 范围内渗透系数为 $10^{-3} \sim 10^{-2}$ cm/s。这个范围是基于液压测试和含水层对潮汐变化的响应的估计。地下水流入入海口的平均水力梯度为 0.001。地下水中的金属污染只存在于含水层上部 15 m 范围内，含水层上部 6 m 范围内浓度最高。

在海岸线建造安装了小规模的灰泥硫酸盐还原可渗透反应墙。

地下水和土壤污染在屏障的反梯度和顺梯度都存在。该位置由潮汐引起的水位波动高达 1.42 m 或为入海口相邻监测井观测到的最大波动值的 35%。由于靠近海岸线，在涨潮时，该区域会出现水力梯度的逆转。

PRB（permeable reactive barrier），即可渗透反应墙，它是目前在欧美等发达国家新兴起来的用于原位地下水处理的一种有效方法。PRB 是一个填充有活性反应介质材料的被动反应区，当污水通过该反应区时污染物质被降解或固定。可渗透反应墙可以设置在地下水污染源的下游，防止污染羽状体扩散，随着污染地下水流过此反应设施，污染物被清除，在其下游成为净化后的清洁水源。PRB 的去除机理可以是生物的，也可以是非生物的，它包括吸附、沉淀、氧化—还原、固化和物理转化，示意图如图 3-3 所示，流程如图 3-4 所示。按反应性质，PRB 可分为化学沉淀反应墙、吸附反应墙、氧化—还原反应墙和生物降解反应墙。

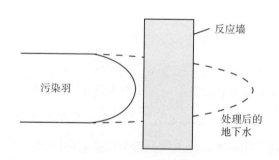

反应墙

污染羽

处理后的地下水

图 3-3　可渗透反应墙

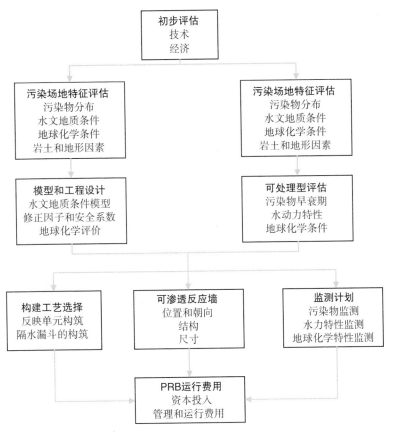

图 3-4 PRB 的设计步骤

反应墙埋深约 6.5 m、宽 2.5 m、长 10 m，开挖沟槽时，在沟槽中注入可生物降解泥浆。反应混合物由 15%（体积比）叶堆肥、84% 的碎石和 1% 的石灰石组成。加入砂石能实现反应墙最小水力传导率达到 10^{-1} cm/s，从而确保被优选的水流通过反应墙。石灰石的加入是确保合适的初始 pH 条件，以保障硫酸盐还原细菌种群数量。

共有 17 个监测井安装在反应墙周围，井的排列大致平行于地下水流的断面。在 2.25 m、2.75 m、3.25 m、3.75 m、4.25 m、5.25 m 和 6.50 m（A、B、C、D、E、F 和 G）的深度取样。采集样品的 pH、Eh、温度、电导率、溶解氧、金属、阴离子、溶解有机碳、亚铁、碱度和硫化物。用浓硝酸对样品进行酸化分析，用电感耦合等离子体原子发射光谱法和质谱法（ICP-MS）对采样进行分析。用石墨炉分析法对一些金属（如铜、铅等）进行独立的分析。用 6N 硫酸进行样品酸化，并用比色方法进行分析。用离子色谱法分析未酸化过滤的样品中的溴离子（Br^-）、氯离子（Cl^-）、亚硝酸盐（NO_2^-）、硝酸盐（NO_3^-）、氨根离子（NH_4^+）、硫酸根离子（SO_4^{2-}）。磷酸盐（PO_3^{4-}）样品使用硫酸保存，用离子色谱法分析。

为期 21 个月的监测表明，隔离墙内重金属浓度显著下降。铜浓度从最初的 $3630\,\mu g/L$ 降至 $10.5\,\mu g/L$，镉浓度从 $15.3\,\mu g/L$ 降至 $0.2\,\mu g/L$，钴浓度从 $5.3\,\mu g/L$ 降至 $1.1\,\mu g/L$，镍浓度从 $131\,\mu g/L$ 降至 $33\,\mu g/L$，锌浓度从 $2\,410\,\mu g/L$ 降至 $136\,\mu g/L$。潮汐对反应墙的下半部分的影响较小，因此在反应墙的下半部分，硫酸盐还原条件维持较好。

虽然 PRB 技术具有很好的应用前景，而且国内外对 PRB 技术研究程度不断加深，但是目前该技术还是存在着一些有待解决的问题，具体问题如下。

（1）反应介质

尽管要求选取反应材料的条件是不应产生二次污染，但是在反应过程中难免会出现这种情况。例如，在还原脱氯的过程中可能产生不易还原的、毒性更大的氯代有机物；双金属系统可能会造成镍、钯等次生污染。这就需要不断加强对改善活性材料性质的研究，以降低产生有毒有害物质的可能性。反应材料的活性也应是以后研究的重点。因为随着有毒金属、盐类和生物活性物质在可渗透反应墙中的不断积累，该被动处理系统会逐渐失去其活性，所以需要定期地更换填入的化学活性物质。PRB 去除地下水污染物的针对性较强，也就是针对某一类污染物的处理效果较好，同时对另外一种污染物处理效果差。受污染地下水中的污染组分是复杂多样的，反应介质单一的 PRB 综合处理效果往往较差。因此也要加强对能够高效去除多种污染物的反应介质及其组合性能研究。

（2）反应机理

由于受到各种条件的限制，该技术还有很多关于处理某些污染物的反应机理不太清晰，尤其是对硝酸盐、硫酸盐和磷酸盐等无机离子的去除机理还有待进一步研究。另外，地下水中的各种因素（包括水中微生物、水流速度、水的 pH 等）对反应的影响也不完全明确，例如，微生物降解的长期反应过程会引起微生物堵塞，这会影响 PRB 性能的发挥。因此要进一步加强反应机理及其影响因素的研究。

（3）选址与设计安装

PRB 的选址直接关系到整个工程项目的预算和修复效果，前期可行性研究调查要充分。在 PRB 的设计安装方面，该技术也受到环境的一些限制，如地下水流、开沟槽的深度、地质环境等，会影响到反应材料的性能发挥；生物泥浆墙中使用的生物泥浆降解速度缓慢，会影响 PRB 的水力性能。因此，要加强对现场水文地质相关参数的不确定性因素的研究，研发出可以适应不同环境的装置，才能更经济、更有效地处理受污染地下水。实际上，PRB 的应用与研究涉及多学科的运用，需要研究人员具备物理学、化学、生物学、水文地质学、环境学、材料学等学科知识，这就要求研究人员联合攻关，才能更有效地解决上述问题，确保 PRB 系统的有效性、经济性、安全性、长期性和稳定性。

综上所述，尽管 PRB 技术仍存在一些问题，但总体来说，它避免了传统的抽出处理法效率低、造价高、处理能力有限、耗能大等缺点，对于处理各种各样的地下水污染物具有很好的效果。因此，借鉴国外经验，结合我国大部分地区水资源短缺、地下水污染严重的实际情况，高效、经济的 PRB 技术值得在我国范围内推广应用。国内研究人员现阶段应不断加强对 PRB 的研究，不断完善理论和技术。

在不久的将来，PRB 技术必然更好地应用于地下水污染修复工程当中，为地下水资源的合理开发与保护提供技术保障，同时也为社会经济和自然界的可持续发展做出贡献。

4　加拿大流域管理体系

4.1　加拿大综合流域管理

加拿大重视流域综合管理多年,《加拿大水法》使联邦、省和地方政府在水资源问题上达成协商合作协议。联合项目涉及水资源的管理、分配、监测,以及可持续水资源方案的预先规划和实施。规划的执行是在联邦、省、地方或联邦—省—地方体系的基础上进行的。协议规定参与政府提供资金、信息和专业知识。

加拿大的司法管辖区正逐渐将综合水资源管理作为中央水资源管理战略。许多省份实施新政策或立法支持这种转变,并且流域综合管理获得了美国当地居民、大型工业用户、能源企业、农业生产者、非政府组织和第一民族的支持。

随着人口的增加,加拿大水资源的压力不断增加,在联邦、省和地方管辖范围内,越来越多的人认识到需要综合办法管理这些资源。流域综合管理被看作是一个多学科和迭代过程,旨在优化水资源,给社会、环境、经济和福利做出贡献,同时保持水生生态系统的完整性。

4.1.1　政府治理机制

政府主要是设计管辖范围内的治理机制。如加拿大和美国于

1909 年边界水域条约下建立的国际联合委员会，旨在预测、预防和解决边界和跨界水纠纷，特别是五大湖问题。国际联合委员会是两国合作的典范，作为一个独立的、客观的机构，通过双边安排，经常利用现有的机制在这两个国家的联邦和省级、地方级解决跨界水问题。此外，对于特定问题或流域，加拿大和美国会共同倡议和讨论。例如，安大略省和魁北克省就是五大湖委员会的成员，该委员会是一个成立于 1955 年，由八大湖联合立法创立的美国组织。

为了在国家层面上推进类似的合作，加拿大环境部理事会和加拿大资源部长会议提出了政府间讨论和协调的机制，能有效解决区域和国家的包括水资源管理等环境问题。联邦和省/地方政府通过国家水文协议合作收集国家水量信息。在草原地区的省份也通过协调，确保了省际地表水和地下水的公平分享，防止了潜在的冲突。

积极鼓励水管理创新机制。例如，曼尼托巴省是加拿大第一个将所有水资源和水资源功能合并为一个部门——曼尼托巴水管理局的省份。安大略省自 1946 年便开始推行流域综合治理。根据《保护当局法》（1946），流域市政当局水管理活动包括防洪、大坝养护、滩区管理、水土流失、植树造林、娱乐和教育。目前，安大略省人口居住的主要流域共有 36 个保护机构。流域委员会分别建立在阿尔伯塔省、萨斯喀彻温省、曼尼托巴省、魁北克省。同时，还有许多非政府流域管理小组活跃其中。

4.1.2 法律及相关政策

流域综合管理必须建立在强有力的法律和监管框架之上。加拿大的联邦水政策（1987 年）作为流域综合管理的组成部分，是关键策略。该法令包括前言、术语定义和四个部分主体内容。第一部分是综合的水资源管理，内容涉及联邦和省的责任安排、全面的水资源管理方案、联邦和省的水资源规划等。第二部分是关于水质管理的规定，包括允许进入水资源的污染物种类，联邦和省的水质管理义务、水质管理的机构、水质管理的区域等。第三部分规定禁止制造和进口以及使用和出售含营养量超过规定标准的任何洗涤剂和水净化剂，目的在于减少水的富营养化。第四部分关于水法管理，规定了检查和执行共同遵守的法规，违反水法的惩罚和贯彻水法所需经费等。

在省 / 地方，推出了从水源地到水龙头全管的饮用水保护计划，并推广流域综合管理的政策。此举旨在改善治理、综合管理、获取更多的数据和信息、提高透明度和问责制、促使利益相关方的参与，并强调明确的目标和成果。许多省份正在制定新的政策和法律来支持治理方面的变化。例如，阿尔伯塔省的生命之水策略将传统水管理规划转换成了流域综合治理规划；安大略省正在计划提出保护饮用水水源的综合方法。司法辖区为了充分地满足水资源可持续的需要，会促使政策和立法的改革趋势继续进行。

为了让加拿大人更好地了解水问题和可持续的政策，政府和非政府组织也做出许多贡献。公众意识运动、信息讲习班和大量的实践活动让加拿大人获得了相关信息并学会如何采取行动。制定新的国家水质指标，并以此指标报告加拿大水质情况，可改善交流和报告的质量。

4.1.3 科学与技术

科技研发为决策提供依据。加拿大的许多大学都有专门的水科学研究中心，联邦和省/地方政府都在对水问题进行研究。水科学研究专家所在的加拿大政府部门和专门的研究机构，如国家水研究所，与国际科学界的伙伴合作开展对水科学更全面的研究和开发。此协作工作促进了国家对加拿大水量和水质状况的综合评估：《对加拿大水供应的威胁》和《对加拿大饮用水水源和水生生态系统健康的威胁》。这也有利于与水有关的新技术的发展，如去除饮用水和废水中的有害物质、修复被污染的地下水以及消除沉积物的方法和设备。

加拿大研究人员用的基础数据来自国家水和气候调查的数据库，该数据库由联邦政府维护。通常，由各省级机构收集数据，并存入联邦数据库，从而为研究提供数据基础。政府、企业和大学所做的工作能研发解决各种水问题的技术。如许多公司在开发减少或消除饮用水或废水中可能对人体健康有害物质的技术；国家水研究所还开发了用于修复受污染地下水和消除沉积物的先进技术。政府与工业的合作在清洁技术的发展上发挥了关键作用。例如，加拿大技术合作伙伴技术投资基金支持发展废水处理等环境技术。

4.1.4 监测和评估

建立监测数据库，为流域综合管理中的多层次决策所需良好的环境监测、数据采集、综合评价以及信息管理和分配等提供支持。目前在加拿大，水信息存储在全国各地的许多机构的不同的数据库中，决策者正在研究如何改进系统，以获取所需信息。

加拿大环境部负责监测全国水量和气候。水量监测是由加拿大环境部的水文小组与各省或地区协议共同开展的，主要是收集、解译并传递地表水量数据和信息。对于水质监测，有联邦—省/地方协议监测网络，一些省份还有自己的监测网络，但需要更协调和全面的办法来监测水质。为此，加拿大环境部理事会正在努力建立一个全加拿大的水质监测综合网络。长期目标是建立全国的水生生态系统计量和评估网络。

在饮用水水质方面，加拿大卫生部、省/地方卫生部门及其合作伙伴共同实施了国家肠道监测计划，并监测水性疾病。加拿大卫生部和各省/地方还合作制定了《加拿大饮用水水质指南》（以下简称《指南》）。加拿大卫生部提供专业技术。《指南》被加拿大每一个司法管辖区所使用，为3 100万名加拿大人建立饮用水水质标准。此外，卫生部还建立了超过300项加拿大环境质量准则，用以保护水生生态系统、沉积物和土壤质量以及评估水生生物的污染。目前卫生部正在努力将这些健康和环境准则与其他评估工具（如建立保护饮用水水源战略）联系起来。

加拿大政府正在开展的工作是建立一个全面的环境信息系统，包括所有现有网络和水信息数据库，并为用户提供访问窗口。

流域综合管理体系指导原则、所需有利环境和预期结果见

表 4-1。

表 4-1 流域综合管理体系指导原则、所需有利环境和预期结果

	指导原则	所需的有利环境	预期结果
政府治理机制	认识到水对环境、经济和社会的价值；利益相关者代表支持和参与	水资源的市场价值和非市场价值；利益相关者代表支持和参与	合作伙伴和利益相关者在流域和子流域层面进行合作，决策是综合的、及时的和适应性的
法律及相关政策	关于与土地利用、其他环境问题和生态系统关系的思考；界定执行法案的权限	相关政策、方案和水管理计划；界定执行法案的权限；设计和部署各种措施（自愿、监管和基于市场的手段）	为达到预期的结果，需要相应的高效的方案、措施
科学与技术	明确重点和方向并做决策；有科学原则、可持续管理和预防措施的基础	成果的可预测性；健全的科学和经济数据及相关信息	决策者和水管理人员可以获得相关的科学和经济信息，以指导和评估水资源管理
监测和评估	绩效评估和持续改进	监测、评估、报告、反馈系统；全面的科学和经济数据及信息	决策者和水管理人员可以获得相关信息，以指导和评价水资源管理

4.2 对我国的启示

加拿大在流域综合管理方面的经验给我们以下启示（表 4-2）。

（1）治理和协调机制至关重要，特别是流域级别的，能提高透明度、加强问责制和促进利益有关者的参与和协作。在地方建立流域综合管理是至关重要的，流域综合管理正在加拿大推广并将建立新的治理标准。随着流域管理的推进，有效地引导利益相关者做出贡献。

（2）需要广泛应用各种方法——"一刀切"的方法并不能有效地解决日益复杂的水管理问题。虽然有法律和监管工具作为强有力的后盾，但应使用多种多样的方法以应对各种情况和挑战。人们越来越认识到经济和信息的重要性，以及透明和结构化的规划进程对进一步推动综合管理水资源的作用。

（3）水科学研究是流域综合管理的基石。水科学研究在帮助制定环境政策、规章和准则以及决策方面发挥着重要作用。继续加强各国政府和学科之间的研究人员和决策者的联系。

（4）水管理信息和报告系统有助于指导和评估新兴的流域综合管理问题。司法管辖区之间已在许多方面进行了合作，如制定水质评价准则、建立数据收集网络、建立模型以及制定报告水资源趋势的指标。

表 4-2　流域综合治理经验启示

启示	优点
治理和协调	提高透明度、加强问责制和促进利益有关者的参与和协作
处理问题的方法多样化	采用自愿为指导方针、推广有针对性的水政策和协定
加强对水科学的研究	帮助制定环境政策、规章和准则，以及做出决策
建立水管理信息和报告系统	指导和评估流域综合管理问题

为了适应实施流域综合管理的挑战，需关注以下关键几点：

（1）立足当前，努力建立和加强综合管理的治理机制。

（2）开发并改进决策支持工具，建立综合模型，指导水管理决策，尤其是在流域尺度上。

（3）数据和信息的可用性是流域综合管理的重要影响因素，如流域土地利用与土地覆被、水质、用水量和可用性等，应通过调查、监测等方法优化数据库。

（4）改进监测和报告系统以帮助指导和评估进展情况。

（5）更好地权衡水的经济、社会和生态价值，并通过评价研究和采用综合决策的方法，确保适当的权重。

（6）加强和改进水资源管理的社会经济和物理科学，以帮助解决上述挑战。

5 加拿大水污染防治技术及产业现状

5.1 加拿大水处理技术

5.1.1 污水处理厂

埃德蒙顿市的污水处理厂是目前加拿大最大的污水处理厂，占地面积为 0.15 km²，有管理人员 25 人、工人 6 人、实验室人员 30 人。该厂是完全由电脑控制的国际上先进的三期污水处理厂。

该厂接收和处理来自埃德蒙顿市和周边地区的约 70 万人的污水，每天有 26 万 m³ 污水在排入北萨斯卡彻湾河前在工厂中进行 17 h 的处理和消毒。1957 年建厂以来，处理厂在不断升级中保持了一个高水平的处理技术和生产效率，而且在 20 世纪 60 年代末至 80 年代初有重要的扩建。1996 年建立了除掉养分的生物处理法和污水消毒设施，1998 年紫外线的使用则提供了第三级的污水处理。

污水的处理包括去除残渣、有机物（磷、氨、氮化合物）和能引发疾病的生物菌。在处理前要进行预处理，首先打捞石块并粉碎，使阴沟中废水流速从 0.46 m/s 降至 0.30 m/s；使废水密度降低的同时加速沙砾的沉淀。其次，将水中分离出来的漂浮物运送到垃圾填埋场，然后用垃圾车运送到 12 km 以外的地方掩埋，接着是除味和调 pH。易燃气体通过锅炉烟囱燃烧。

污水的三级处理分为物理过程、初级生物过程、高级生物过程。物理过程是最基本的处理过程，它去除掉未被处理过的废水中大约 50% 的有机物质，在 2~4 h 的快速旋转中，密度大的物体沉淀到底部，而轻的则浮到大容器的最上面，机械的快速移动以 0.61m/min 的速度循环，来刮去淤泥和撇去表面的浮渣，淤泥和浮渣被泵抽到排泄道。整个过程在 8 个 6m 深、几十米长的沉淀池和 6 个大罐中进行。

初级生物过程是用微生物作用于废水，去除掉剩余的有机物杂质，每个曝气池被分成 4 个平行的通道，向其中注入空气刺激生物的生长和扩散，去除剩余的有机物杂质。几小时后，废水进入第二个放养微生物的容器中，大约 90% 这种生物体聚成的块状物返回到曝气池再培养微生物群体，剩下的 10% 循环过程被除掉、浓缩，再由泵抽到排泄道。这一步除掉了约 97% 的有机物杂质。

高级生物过程也可称为生物养分净化过程。磷和氨氮化合物通过生化反应被除掉。首先，在无氧区，基础废水的硝酸盐中的氮还原成氮气释放到大气中而被除去。然后，聚磷菌在挥发性脂肪酸作用下进行磷的清除，这些细菌在有氧区吸收磷，然后在净化器中沉淀。接下来，无氧区经过生化作用后的硝酸盐进行再循环，重新获得氧，而且在此区域，氨氮（NH_3-NH_4^+）作为硝酸盐被除掉，最后剩下的是绝对纯净的水。在排入北萨斯喀彻温河以前，经高强度紫外线消毒，很大程度上减少了细菌的繁殖，使再利用变得更安全。

整个过程完成后，养分的水平将减到磷1mg/L，氨10mg/L（冬天）和5mg/L（夏天），通过控制磷的一味增长，改善河水中野生物种的状况。

5.1.2 生物处理技术

20世纪80年代和90年代，木材高得率浆产能迅速扩大，特别在加拿大和斯堪的纳维亚半岛地区的国家。与针叶木高得率浆产能相比较，阔叶木BCTMP（Bleached-Chemi-Thermo-Mechanical-Pulp，漂白化学机械磨木浆）的产能增长速度更快，现在已经占到65%的市场份额。阔叶木高得率浆主要用于生产印刷书写纸和纸板，其最大的市场在亚洲，特别是中国。针叶木高得率浆主要用于印刷纸及纸巾纸。2007年，加拿大正在运行的高得率浆厂有9个，总产能超过200万t/a，占全球产能的2/3。BCTMP制浆废水产生的污染物负荷高于硫酸盐法制浆，因为传统BCTMP生产过程中没有回收工段。基于以上原因及节水的要求，位于加拿大不列颠哥伦比亚省切特温德地区及梅多莱克湖萨斯喀彻温地区的2家工厂已经实现零排放（封闭循环）运行，其他7个BCTMP浆厂绝大多数制浆过程的用水量远低于牛皮纸或新闻纸生产过程的用水量。

传统BCTMP浆厂（没有实现封闭循环），由于用水量较少而且比TMP（Thermo-Mechanical Pulp，压力磨石磨木浆）法制浆成浆得率低，因此，其所排废水的COD和BOD浓度很高，特别是以针叶木为原料的工厂，废水中还含有大量的抽出物，处理非常困难。BCTMP浆厂排出的废水COD负荷为100~180 kg/t浆，而硫酸盐浆厂排出的废水 COD 负荷为 50～70kg/t 浆，TMP 浆厂排出的废水 COD 负荷为 30～120 kg/t 浆。而且，由于这些高得率浆制浆废水含有大量抽出物，未经处理的废水对水体中的微生物具有很强的毒性，这些工厂排出的废水违反了加拿大用鲑鳟鱼做毒性鉴定的毒性物排放法规。

目前切特温德地区及梅多莱克湖地区的 2 家工厂已经实现封闭循环，所用的新鲜水主要消耗在蒸发中。最初 Chetwynd 浆厂采用冷冻结晶技术从工艺过程的水中分离溶解性物质，但后来这种方法被弃用。目前采用方法的回收循环的核心是 1 套大型蒸发系统，该系统配有 1 个回收锅炉和熔融物溶解槽来回收滤液。从蒸发系统出来的馏出物送往馏出物平衡池，在此处可溶挥发性有机物（甲醇等）经生物处理而去除。馏出物平衡池主要由多个好氧稳定塘组成，在第 1 级馏出物平衡池采用表面曝气器进行充分曝气，第 2 级平衡池是一个静态沉淀池。水经处理后送往存贮池以备回用。一些固体熔融物或灰分用作其他工业原料或填埋。

如上所述，传统 BCTMP 浆厂没有实现封闭循环，产生的废水浓度很高，给生物处理带来很大困难，而且一些工厂的原料和工艺也在不断地更换，或用阔叶木或用针叶木，或像昆士奈河浆厂在 BCTMP 制浆和 TMP 制浆之间变动，这使得废水的性质也在不断发生变化。大多数浆厂选择某种活性污泥处理工艺和通过延长水力停留时间来提高处理效果。活性污泥中的微生物必须氧化废水中的有机物和亚硫酸盐；通常亚硫酸盐在活性污泥中微生物的作用下很快就被氧化成为硫酸盐。然而，另一个操作问题也需引起注意，这类废水容易在活性污泥处理前的初沉池中产生硫化物、挥发性树脂酸等化合物，导致丝状菌过度繁殖，从而发生污泥膨胀。由于二级污泥的产量高及延时曝气引起曝气成本的增加，使得用活性污泥法处理 BCTMP 废水的运行成本相对较高。

　　Quesnel River 浆厂生物处理系统的发展历程展示了长期以来生物处理工艺的演变过程。1981 年，该厂的废水处理厂由 1 个初沉池和 1 个停留时间为 5 d 的曝气稳定塘组成，这种工艺处理后的废水不能稳定地满足毒性物排放法规。进一步的中试研究结果表明，即使用更大面积的氧化塘也不能解决该问题。该厂随后改用气浮澄清池后接厌氧及活性污泥的组合工艺，1988—2005 年一直沿用该工艺，该系统的缺点是运行过程中微生物量较少，对硫及过氧化氢的耐受性较差。最近安装的生物膜活性污泥系统（BAS）的运行状况良好（见图 5-1）。生物膜活性污泥系统运行过程中产生的剩余污泥量比传统活性污泥法少，因此磷的添加量少。该厂还存在残余氨氮量波动的问题，导致处理后废水的 pH 上升，在进行废水毒性试验时将检出对鲑鳟鱼有害的毒性。从理论上讲，由于 BCTMP 废水 COD 浓度较高，而且流量较少，适于厌氧有效处理。然而 Quesnel River 浆厂的经验显示，厌氧处理系统运行非常困难，特别对于针叶木高得率浆制浆废水，其中的树脂酸浓度会抑制厌氧微生物。最近，蒂米斯卡明浆厂安装了 1 套内循环（IC）厌氧反应器，用来处理高得率浆制浆废水及工厂的其他综合废水。IC 反应器消除了工厂废水中大量的 BOD，原先这部分 BOD 都采用活性污泥法进行处理，现在采用厌氧污泥法和好氧污泥法串联一起进行处理。

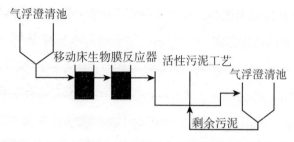

图 5-1 Quesnel River 浆厂的生物膜活性污泥处理系统

5.1.3 紫外线消毒

紫外消毒系统具有无二次污染、使用安全、无须储存、运行维护简单等特点，因此成为污水处理厂首选的消毒技术。1982 年，加拿大特洁安（Trojan）技术公司发明了世界上首套明渠式安装的紫外线消毒系统 UV2000，并引进了模块化紫外消毒系统概念。每个紫外消毒模块包括紫外灯、电子镇流器、自动清洗系统和控制系统，便于统一安装、维护以及扩容，同时便于操作和控制。

紫外线消毒是一种物理方法，其工作原理是水流中的微生物在受到紫外线照射的瞬间被灭活。这个过程除了使用紫外线，不添加任何物质，因此不会影响水的化学成分和溶解氧含量，从而能够保证达到更严格的污水排放标准，同时不会产生"三致"消毒副产物。

在过去的几十年里，紫外线在污水消毒领域得到了大量的应用。目前，北美超过 20% 的污水处理厂都采用了这种环保技术，成千上万的市政项目已经从采用化学消毒方式（如氯气消毒）转变为采用紫外线消毒方式，这种方式对当地社区、水厂员工和水质更有安全保证。如今，由于紫外线消毒方式具有在初期投资和长期运营上的成本优势，全球越来越多的新建污水处理厂都采用了这种最佳的消毒方式。

紫外线是污水处理最理想的消毒剂，因为它除了将水中的微生物灭活外，不会改变水体的水质，紫外消毒是一种非化学添加的处理过程，完全可以替代目前的氯消毒工艺，同时紫外线还能灭活那些如贾第虫和隐孢子虫等抗氯性很强的微生物。紫外线也不会产生任何如致癌性的消毒副产物，也不会对水体水质有任何负面影响，当一个工厂将氯消毒改为紫外消毒的时候，还有减少消毒过程的碳排放的益处。

5.2　加拿大生态修复工程技术

生态修复是指利用大自然的自我修复能力，在适当的人工措施辅助下，恢复生态系统原有的保持水土、调节小气候、维护生物多样性的生态功能和开发利用等经济功能。生态修复不是指将生态系统完全恢复到其原始状态，而是指通过修复使生态系统的功能不断得到恢复与完善。目前学术上用得比较多的是"生态恢复"和"生态修复"，生态恢复的称谓主要应用在欧美国家，在我国也有应用；而生态修复的叫法主要应用在日本和我国。

当前在恢复生态学理论和实践方面走在前列的地区是欧洲和北美，北美偏重水体和林地恢复。《安大略河流修复手册》提出了与美国相对立的观点。这份手册中，"修复"没有使用"restoration"，而是使用了"rehabilitation"，并认为"restoration"倾向于通过消除干扰回到干扰前的状态，而"rehabilitation"则是在接受干扰因素的情况下恢复河流的生态功能的过程。其他几份导则在修复程度这个问题上基本都和《安大略河流修复手册》持相似的看法，虽然在"修复"一词的指称上不尽统一。

5.2.1 生态修复技术

（1）障碍管理

障碍管理包括自然或人为障碍对河流的环境影响。河流中的障碍物可以是纵向或者横向的。自然屏障包括瀑布和峡谷等地质构造。人为的障碍包括水坝、堰、水闸、涵洞、管道和渠道。河流的物理形态是由流域的地表地质学构造的。河流经过几千年的演变顺应自然屏障。同样，生活在河流中的动物也适应了如河狸坝等自然屏障。这些短期屏障不会对河流生态造成长期环境影响。大坝是造福社会的，但无法忽视大坝对河流的水化学和生物产生的影响。人为障碍已经对河流生态系统产生了长期的影响。生态修复工作必须集中于减少人为屏障的危害。

首先，提出问题并确定研究区域。研究障碍对河流产生的物理、化学、社会和生物方面的影响。流域机构应与当地环保局共同完成此阶段的相关研究。然后，进行环境影响评价并制订修复方案；同时评估方案的有效性，计算方案的成本，与利益相关者协商，确定最终方案和成本。最后，实施方案并监控进度。

障碍改造有助于减少人类活动对河流的影响，包括拆除、部分拆除和出口转换。对于已经报废的大坝或堰均可以拆除，使场地恢复到更自然的状态。对于具有文化遗产性质的障碍，可施行部分拆除。在保留部分原有结构的情况下，拆除一定数量的障碍物，以恢复河流健康或鱼类迁移。出口转换通过改变水流通过闸坝的方式，减缓障碍对温度的影响。在夏季，将水库底部的冷水排入下游；在冬季，将水库底部较暖的水排入下游。洄游是成鱼到产卵场或幼鱼到觅食地的季节性运动。修建鱼道能帮助鱼类洄游，保护鱼类的习性，有竖缝式鱼道、鱼梁鱼道、丹尼尔式鱼道、涵洞式鱼道，如图 5-2 所示。

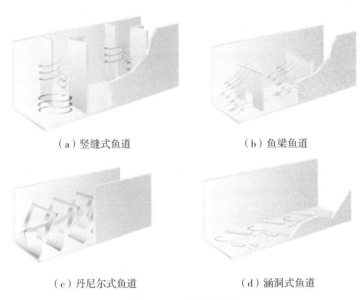

（a）竖缝式鱼道　　　　　　　（b）鱼梁鱼道

（c）丹尼尔式鱼道　　　　　　（d）涵洞式鱼道

图 5-2　鱼道示意图

（2）土壤生物修复

土壤生物工程是一种稳固或保护土壤不受侵蚀的方法。通过增强植物根系与土壤间的凝聚力，增强土壤的抗冲蚀力，减少地表径流冲刷土壤，保持水土。混凝土和钢板桩材料会逐年变弱、变得易碎，而植物的根系则会逐年强壮。根系的缠绕、固结和串联土体作用使水体有较高的水稳结构和抗蚀强度，从而不易被径流带走。

活树桩固坡是将生命力强的活树桩打入土层，一段时间以后，树桩就会长出根和枝叶，从而起到对边坡的加固和防护作用。活树桩可单独应用也可与其他的植物固坡方法联合使用。在单独使用时，常用于修复湿润土体的小范围滑坡。活树桩与黄麻或纤维网联合使用，有助于控制浅层的土体流失、固定沉积物。活树桩还可以应用于堤坝和沟渠坡面的加固。埋置较深的活树桩还可以抑制边坡的深层滑坡。

天然材料护岸是一种由木质材料和石头组成的结构，锚固在河岸上。天然材料护岸的目的是提供永久性的天然建筑，保护河岸免受水流冲刷。

（3）栖息地改善

用硬木或雪松木板建造的间隔式结构，通常在河流或河流的弯曲处嵌入河床，为鱼类提供栖息地，如图 5-3（a）所示。大的角状岩石或光滑的大圆石表面会产生湍流，冲刷后暴露粗糙的基底。露出的基地为水生昆虫的繁殖提供场地。此外，大石头还为鱼产卵和育苗提供栖息地，使鱼类产量显著增加。半圆木盖是雪松或橡木原木纵向切割成的，它使用木板和钢桩固定在通道底部的上方，由此产生的不显眼的空间吸引了鱼，如图 5-3（b）所示。

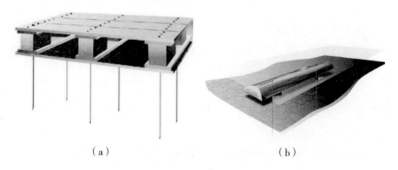

（a）　　　　　　　　　　（b）

图 5-3　间隔式结构

（4）河道修复

使用邻近土地而造成的大型土石坝，会对鱼类的洄游、泥沙输移、河道的稳定造成毁灭性的影响，应消除障碍物，以恢复渠道功能并减少危害。木质残块可以留在河流生态系统中。如果不是天然垃圾——通常是购物车和塑料袋的城市垃圾——应尽快清除。

翼板是立体三角形结构如图 5-4 所示，以减少平滩时的宽深比。对于宽浅河道，减少河道宽度以增加流速。形状因子对低流量、平滩流量都有影响。翼板可单独或成对使用。常见的材料包括河石、原木或木材碎片，易于维护。在河道中放置翼板可以加强冲刷池的形成，引导水流从河岸流出。通过冲刷，保持河道清洁，吸引水生昆虫和产卵鱼类。

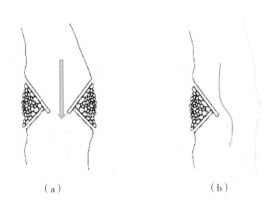

（a）　　　　　　　　　　　　　　（b）

图 5-4　翼板

5.2.2　生态修复案例

（1）夏米纳德大学环境俱乐部与安大略河流的合作

1999 年开始，安大略的夏米纳德大学环境俱乐部就参与到

"安大略河流"组织的"认领一条河流"计划中，至今已成功与"安大略河流"合作开展了一系列的河流修复工作。正如前文所述，该计划采取了典型的自下而上的方式。环境俱乐部筹集了来自道明加拿大信托银行的环境之友基金、自然资源部的社区渔业和野生动物参与项目、加拿大壳牌石油公司等超过 66 000 美元的资金，并与自然资源部、多伦多地区环保局以及公民环境监督等机构建立了合作关系。类似的团队还有很多，它们都是在"安大略河流"的指导下，自发地与法律政策、技术支持、资金来源及合作伙伴以及实施者建立联系，从而卓有成效地推进安大略省的河流修复工作。

（2）圣米歇尔生态修复工作

圣米歇尔其实是蒙特利尔市区里一片山地的名字，面积不大，约有 2 km^2。早在 1895 年，伴随着蒙特利尔成为加拿大的主要海港、铁路中枢、银行中心和工业生产重镇，圣米歇尔就有了当地最大的采石场之一，开采的石灰石用于烧制水泥，以这样的方式参与当时城市的建设。随着蒙特利尔市城市化进程的加快，城市垃圾逐渐变成了一个棘手问题，1968 年，圣米歇尔的采石场又变成了一个垃圾填埋场，这是那时各大城市处理垃圾问题的常用办法。

然而，很快周围居民就知道垃圾填埋场带来的问题比采石场严重得多，不仅各种气味难闻的气体飘散在空中，含有有害物质的污水也会直接渗入地下水。在居民的不断抗议及环保组织的多次示威下，1984 年蒙特利尔市政府接管了这个垃圾填埋场，他们制定了一系列规章，努力将垃圾填埋纳入安全控制范围。不过这种努力是有限的。到了 1995 年，已经陆陆续续地在圣米歇尔开采石料形成的坑洞里充填了 4 000 万 t 的垃圾，深度达 60 多 m。圣米歇尔成了"北美最大的垃圾填埋场"，被市民视为"蒙特利尔血淋淋的伤疤"。也就在这一年，蒙特利尔市政府下决心要对圣米歇尔进行改造了。

最初的改造主要针对的是垃圾分解出的那些混杂着恶臭的沼气，因而先建立了一个将沼气转换成电力的发电厂；在环境有了很大改善之后，又建立了一个能够有效收集垃圾废液的污水处理系统，以使垃圾污染降到最低点。经过多年的努力，新的圣米歇尔已初具模样，而到 2020 年，它将成为一个环保中心、一个城市公园、一个市民可以休闲娱乐的地方。

在这两个案例中政府起着不可替代的作用，圣米歇尔生态修复工作是由政府直接进行的。在不列颠哥伦比亚省，政府已经在法律中明确规定，所有的采矿行为必须包括环境保护与恢复计划，要求采矿结束后那些曾经受到干扰的土地和水道必须恢复到稳定、可持续发展的状态；并且制定了相应的可操作的技术标准，对空气、土地和水的质量实行有效的监管，以保护人类的健康及环境安全。

目前我国在生态修复方面已经有了系统的布局，正在实施的重大生态修复工程就有天然林保护、退耕还林、防沙治沙、湿地保护恢复、"三北"防护林、沿海防护林等 16 项，相信加拿大的案例会对我们有所启发。

5.3 加拿大清洁技术产业发展

加拿大清洁技术行业涵盖生物燃料与冶炼、发电、智能电网、绿色建筑、工业节能、冶金化工、可持续交通运输、环境修复、水处理和生态农业等领域，被称为加拿大 21 世纪第一新型产业。

5.3.1　清洁技术行业以中小企业为主

加拿大清洁技术行业由 800 余家企业构成，绝大多数为中小企业。行业就业人数 5 万人，超过加拿大航空航天制造业就业人数。预测 2022 年，加拿大清洁技术行业就业人数将超过 10 万人。

加拿大清洁技术行业是加拿大研发投入较大的行业，仅次于航空航天、能源业等，平均每年用于研发的投资总额约 16 亿加拿大元。2008—2013 年，加拿大清洁技术行业累计研发投资达 64 亿加拿大元，其中 45 亿加拿大元投资来自中小企业。

5.3.2　出口市场以美国为主

2014 年，加拿大清洁技术行业出口额为 58 亿加拿大元，约占行业总产值的一半，其中对美国出口占加拿大清洁技术产品出口额约 60%。清洁技术行业出口表现积极的企业占全行业企业的68%。2015 年，行业内 83% 的企业有产品对外出口。

美国、欧盟和中国是加拿大清洁技术产品三大出口目的地。中国于 2013 年从加拿大清洁技术产品第八大出口市场跃居第三位，并保持至今。

5.3.3　占全球市场份额逐年下降

加拿大清洁技术行业 2009 年以来行业收入年平均增幅 11%。

2014 年,行业产值约 120 亿加拿大元。加拿大专门从事清洁技术行业研究的 Analytica Advisor 公司报告指出,2014 年,全球清洁技术市场总产值约 1 万亿加拿大元,加拿大清洁技术市场在全球所占比例呈现逐年下降局面,从 2008 年的 2.2% 下降为 2014 年的 1.3%,降幅为 41%,全球排名从第 14 位跌至第 19 位。

预计到 2022 年,加拿大清洁技术行业产值将达 500 亿加拿大元,并占全球市场总额的 2.5%。

5.3.4 鼓励清洁能源发展

加拿大政府高度重视清洁能源和可再生能源的研究开发和利用,大力发展以氢能、太阳能和风能为主要代表的清洁能源技术。加拿大政府还确立了到 2020 年,清洁能源占该国总发电能力 90% 的目标。

为促进清洁能源的发展,加拿大政府制定相关政策,包括税收政策、项目支持政策、可再生能源生产等政策。联邦政府 2010 年制订生态能源可再生发展计划,投资 14.8 亿加拿大元实施风能、生物质能、小型水利和海洋能激励计划。此外,联邦政府出资 3 亿加拿大元开展"生态能效计划",促进智能化能源利用和减少污染物排放,还投资 2.2 亿加拿大元支持房屋、建筑改造和工业过程处理。政府还出资 3 500 万加拿大元开展"生态能源可再生供热计划",支持工业发展环保型供热技术。

在省级政府层面,安大略省制订综合电力系统计划,淘汰煤电并解决目前在役核电站服役期较长、逐步老化的问题。不列颠哥伦比亚省实施新能源计划,将依靠新科技、加强环保,从 2016 年开始，大幅度减少温室气体排放。

5.3.5 清洁能源研发机构能力较强

加拿大的研究与发展工作有政府、企业、大学 3 个系统。全国开展清洁技术研发的科技工作人员为 19.9 万人。28% 的科技人员在大学，7% 的科技人员在联邦政府和地区部门从事科研工作，64% 的科学家和工程师从事企业应用研究开发工作。

加拿大联邦政府中与科技有关的部门有 26 个，负责各自业务范围内的研究与发展工作，隶属于不同部门的研发机构和国家实验室有 200 多个。其中，23 个研究所和技术中心是联邦政府的主要研发力量；国家研究理事会拥有 3 000 余名研究人员，主要从事基础和基础应用研究。此外，还通过提供科技人力、试验设施及财政资助等来支持工业企业开发，采用新技术及培训人才，并负责技术推广和科技成果转移到工业和生产部门，出版刊物和交流科技信息。高新技术主要集中在多伦多、蒙特利尔、渥太华和温哥华地区。

5.3.6 中—加清洁技术合作潜力大

加拿大清洁技术公司在城市和工业废水处理技术、固体垃圾处理、生物能源、空气和水质监测设备、可再生能源及节能（包括绿色建筑解决方案）等领域具备优势，同时加方还在碳捕捉和储藏（CCS）及海洋能项目方面建立了商业化示范项目。

中国、加拿大两国于 2012 年开展的《中加经济互补性研究》指出，两国企业可将加拿大专业技术与中国制造业能力相整合，共同为中国降低经济增长对环境不利影响提供商业化解决方案，并协助中国城市化发展目标。同时，加拿大的中小型清洁技术企业可成为中国的互补性合作伙伴，不仅服务于双方需求，也可共同开拓第三国清洁技术市场。中国、加拿大还可合作探讨建立技术孵化器和风险投资基金，推动解决中小型清洁技术企业融资问题。

5.4 加拿大环境产业

5.4.1 加拿大环境产业

环境产业是加拿大的第四大产业，拥有约 8 000 家企业，约 25 万名员工，总产值近 300 亿加拿大元，每年生产超过 14 亿加拿大元的出口产品。产业发展迅速，1999—2003 年，产业规模以每年 13.7% 的速度递增。加拿大环保行业的企业以中小企业居多，少于 100 名雇员的小公司占加拿大环境公司的绝大多数（93%）。其提供的环境产品和服务主要包括：水及污水处理技术、环境工程、清洁能源技术、环境补救技术以及咨询分析服务等。

加拿大 2/3 的企业提供环保服务，包括固废处理、污水处理、供水、水净化、土壤及空气质量测试以及环保工程等。固体废物和废水的收集、处理技术是加拿大环境产业的传统优势领域，该领域几乎占环境产业总收入的 1/4。相对于环境产业的其他领域来说，加拿大致力于城市/工业废物处理的公司一般规模较大，主要的有 BioteQ、Onyx Industries、SM Group International 和 Zenon Environmental。水/污水处理产业是加拿大环境产业的重要组成部分，加拿大有多个大型的水净化和水处理厂，处于领先地位的公司有 Aker Kvaerner Chemetics、Earth Tech、Ecodyne、Siemens Water。环境咨询服务业也是加拿大环境产业的一个重要组成部分，向环境技术系统提供设计和实施服务以及评估和咨询服务。本行业占加拿大环境服务公司所有出口额的一半以上。这一领域的公司主要有 Golder Associates、Jacques Whitford、Stantec Consulting International 和 Trow Associates。另外，约 1/3 的企业从事环保制造业，生产各类环保设备，如便携式场地补救仪器、清洁生产设施等。在空气污染治理方面，加拿大环保企业的优势主要在气体焚烧系统、清洁能源、触媒转化器、蒸汽减少系统等，尤以触媒转化器、燃料电池见长。

加拿大不断发展的环境产业不仅在污染控制、环境保护补救等传统产业领域提供技术、产品及服务，近年来还日益关注全球温室效应问题，致力于气候变化、可再生能源以及环境效益等方面的研究。可再生能源也是加拿大拥有较大优势的产业。可再生能源产业提供太阳能、风能、海洋能、小型水电、燃料电池和其他可替代燃料技术的系统和设备。这部分占加拿大 2004 年环境技术产品出口的 14%，在过去的 5 年中呈快速增长态势。活跃在本领域中的公司主要有 Acciona、Ballard Power Systems、DMI Industries、Finavera Renewables 和 HSH Nordbank AG。

目前，加拿大的环境产业正处于转折期，其中一部分企业开始成熟，进入了正常生产和巩固阶段；而另一些企业正处在重组中，大型环保企业逐渐兼并小型企业。尽管近年来环保行业中兼并不断，但行业中的主流企业仍是中小型企业。这些企业通过合资或战略合作的方式获得了规模效益和运作实效。加拿大各企业既能开发大型环保项目，又可向国际市场提供各类环保产品，如加拿大已向欧洲、美国以及发展中国家出口环保产品及技术，并在这些地区获得了贸易顺差。

加拿大的环境产业在长期的发展中形成了多个各具特色的环境产业带，主要有多伦多和西南安大略的水净化和废水处理环境产业带；大西洋风能开发产业带；温尼伯和曼尼托巴的废水处理、混合动力客车制造、高效能建筑产品产业带；卡尔加里－埃德蒙顿和阿尔伯塔省的水处理、废物管理、土壤修复产业带；温哥华和维多利亚的可再生能源产业带等。

5.4.2 企业、政府和科研机构在环境产业发展中发挥重要作用

加拿大环境产业迅速发展，既是加拿大地理位置和发挥资源环境优势的结果，也是加拿大深厚的科技知识积累的结果。企业、政府和科研机构在环境产业发展中起了主要的作用。

（1）企业环境与可持续发展科技创新支撑了环境产业发展

在加拿大，企业社会责任和一些相关概念，如企业责任感、企业可持续发展能力及企业职责等均被认为是能否有效地将经济、环境和社会目标融入企业的结构和发展过程的指标。私营企业与公共部门一样对保护公共产品如自然资源的完整性有浓厚的兴趣。由于这种兴趣，在过去的 10 年里，加拿大私营企业的环境实践的范围和性质都发生了变化以适应操作环境的变化，集中在那些对公司的生态效益、环境投资和环境技术的使用等方面有重要意义

的管理工具，如环境管理系统、生命周期分析、自愿的环境协定、清洁生产、生态标志、环境 / 可持续发展报告。

环境管理系统是一个由加拿大工业部门用来评估和控制企业的活动、产品和服务的环境影响的管理机构。根据 1998 年的一次调查，1 500 家被调查的企业中有 64% 已经进入了环境管理系统。部分行业这一比例更高，如天然气的采集行业为 92%，管道运输业为 90%，比例位居进入环境管理系统的前列。

在加拿大，自愿者已经成为环境实践的一个重要组成部分。加拿大公司正加入自愿环境协定和项目以在这些特定的环境课题方面发挥主导作用，并减少强制和干涉的必要。自愿协定和计划包括加拿大政府的加速减少或消除有毒气体计划、气候变化自愿挑战与注册计划，还有一些行业的特定项目，如加拿大化学行业协会的责任关怀行动，加拿大电力协会的环境责任与义务计划，以及森林管理计划、加拿大汽车生产行业的污染预防计划。2000 年，加入了自愿协定或计划的公司比例为 35%。比例最高的行业为管理运输业，为 93%；其次是天然气供给业，为 82%。

由于企业重视履行社会责任，目前，"加拿大各企业正将创新带入人们的生活，它们或以新技术的形式来解决环境问题，或以新产品的形式使我们的家庭、学校和商业实现能源的更高效利用，或以新疗法提高人们的健康和福利水平"。目前，企业界研发人员约占研发人员总数的 60%，高等教育机构研发人员约占研发人员总数的 32%，政府研发人员约占所有研发人员总数的 8%。2005 年，加拿大 52.7% 的研发成果由私营企业完成，在建立加拿大可持续发展技术基础设施方面，私人投资占 59%，加拿大可持

续发展技术基金投资（SDTC）占 28%，政府及科研机构投资占
13%。

在加拿大私营企业的投资中，2000—2004 年，共花费了 337.6 亿
加拿大元用于处理各种事务。在这些投资中，能源和环境事务投
资为 12 亿加拿大元，占所有直接投资的 3.5%（比 1996—2000 年
大约提高 1%）。目前由于各省对基础设施更新的需求日益高涨，
使得加拿大私人投资团体对能源和环境的投资出现好转。驱动这
些投资的大部分活动集中于对经济、环境以及对社会有益的可持
续发展活动。

（2）政府的激励政策极大地推动了环境科技产业化发展

加拿大政府不是片面强调环境与可持续发展科技创新和清洁
生产的重要性，而是将企业通过环境科技创新与清洁生产可获得
经济利益的理念放在首位。为此，加拿大政府制定和完善了各项
法律法规和政策措施对企业进行引导、扶持和帮助，确保创新企
业实现利益最大化。

①制定环境产业战略，规划环境产业发展

加拿大环境产业的快速发展很大程度上归功于其具有指导意
义的环境产业发展战略。1994 年，加拿大制定了环境产业发展战
略，明确加拿大在全球环境产业发展中的重要地位和作用，强调
政府、工业和企业界之间的合作，强调企业间加强联合的必要性。
几十年来，该战略对加拿大环境产业的发展起到了巨大的促进
作用。

加拿大政府各部门都制订了促进环境科技产业化的战略和行
动计划。工业部在《2006—2009 年可持续发展战略》中指出，可

持续发展的战略成果就是要实现环境、能源及生物技术的日益发展、商业化、采用和推广。自然资源部《2007—2009年可持续发展战略》指出，市场日益需求环境友好产品和环境友好程序，社会标准（如劳动实践和商业道德）日益成为投资和购买决策的指导原则，有必要鼓励所有从事自然资源开发及相关产业的企业承担可持续发展的义务。加拿大环境部开展了企业环境创新行动，支持长远的环境保护以及居民的健康，同时支持企业可持续发展与经济状况的结合；支持那些有望达到世界一流水平的科技研究与商业化，扩大商业研发支持项目的影响。

②完善法律法规，规范环境产业发展

1978年以前，加拿大环境科技相当落后，环境产业非常弱小，只有5%的企业有污染治理设施。1988年，加拿大颁布了《环境保护法》，要求企业必须制订污染预防计划，先实行清洁生产，减少废物排放，然后再进行末端治理，通过法律法规引导企业进行环境与可持续发展科技创新，实行清洁生产，发展环境产业。通过清洁生产，企业以较少的投资取得了较好的环境治理效果，并从中获得了经济效益。1999年，《环境保护法》经过修订后，更重视从源头治理污染。1995年，加拿大制订了《污染预防行动计划》，要求企业必须制订污染预防计划，提交污染预防计划书，并将计划书摘要提交环境部备案。环境部通过各种媒体向社会公布计划书摘要，接受社会公众监督。《环境保护法》和《污染预防行动计划》等法律法规发布之后，加拿大政府投资的重点已从过去40年的国防和太空领域转向环境保护、清洁生产、生物信息以及微电子技术等方面。《世界经济论坛》在2005年第6

期全球竞争力报告中，对全球 117 个国家的环境规章制度的严格性进行了排名，加拿大排在全球第 16 位，其环境规章制度比美国、法国、意大利、西班牙以及所有发展中国家都要严格。

③通过基金模式支持环境产业发展

加拿大联邦政府集中资源支持那些具有社会、环境和经济综合效益的领域达到世界一流水平；支持那些能够建立全球研究和商业领先地位的优势领域（如环境科学技术、自然资源与能源技术、健康及生命科学技术以及信息和通信技术）。根据 2007 年预算，政府将每年提供 8 500 万加拿大元给拨款委员会进行优势领域研究，7 年内资助加拿大可持续发展技术基金 5.5 亿加拿大元，使加拿大在新一代可再生能源开发的商业化水平达到世界领先地位。

加拿大可持续发展技术基金在建立加拿大可持续发展技术基础设施方面起主要作用。加拿大可持续发展技术基金是 2001 年建立的，用于资助和支持清洁技术的开发和应用的非营利基金。联邦政府已经分三次共拨给该基金总计 5.5 亿加拿大元资助其活动，其中，2.8 亿加拿大元主要用于气候变化控制技术。因此，该基金是一个政府通过技术创新来减少温室气体排放的重要战略工具，在建立可持续发展基础设施方面起到了催化剂的作用。

④政府制定和完善了一系列财税政策来推动环境产业发展

政府与企业共同出资进行新技术研发，无论政府出资多少，知识产权均归企业所有，其中 35% 的技术转让费用于奖励科技人员。最近，加拿大降低了对工业研发的直接资助水平，转而使用更多的间接性措施，如税收优惠。加拿大的 SR & ED 税收激励项目是产业系统中促进企业研发投资的最有利的系统之一，2006 年，该项目为进行创新的加拿大企业提供了超过 30 亿加拿大元的税收资助。SR & ED 税收激励项目是加拿大支持企业研发的最大的项目，并将在促进加拿大形成一个富有活力和竞争力的企业环境方面发挥主导作用。

所得税对企业科技创新的作用效果最为明显。为吸引和保留更多的商业投资，加拿大政府决心建立一个跨国的竞争性的公司所得税系统。2006 年预算及"税赋公平计划"的税收减免条款将把企业所得税从目前的平均 21% 降低到 2011 年的 18.5%。2008 年取消了所有企业附加税，并已经取消了联邦资本税。由于这些税收减免政策，加拿大将拥有一个比美国更有效率的税收率优势，到 2011 年，加拿大已成为七国集团中新商业投资税收率第三低的国家。

（3）科研机构的科研活动支持了环境产业发展

加拿大政府部门承担了管理与科研的双重角色，既要制定联邦政策和负责科技管理工作，同时又要从事相应领域的科技创新工作。联邦政府中涉及科学研究与发展的部门共有 26 个，开展的研发活动占全国的 11%。政府约有 200 个实验室，1.4 万名科学家和工程师，170 亿加拿大元的年研究预算。在加拿大，政府（含部门）研究机构的研发活动是根据政府选择的优先发展领域进行调节的，主要集中在基础科学研究以及其他研究主体不能涵盖的公益性领域，如卫生与安全、环境、自然资源管理等。在加拿大众多负责科技创新的部门中，与环境产业有关的部门主要有 NRC、加拿大自然科学与工程理事会、加拿大创新基金、环境部、农业部、海洋渔业部、卫生部、工业部、自然资源部等。

国家研究理事会是加拿大最大的研究机构,是联邦政府科学研究与研究设施的主要提供者。它主要从事有助于加拿大工业增长的尖端研究,提供应对健康、气候变化、环境、清洁能源及其他领域国家挑战的措施,其工业研究辅助项目在促进技术向全国中小型企业推广方面起了重要作用。2006年12月,加拿大国家研究理事会出台了《2006—2010年科技活动新战略》,确立以促进可持续经济发展、提高全民生活质量为目标的新研发战略;明确其战略目标是继续支持对国家具有重要意义的领域,将科技广泛运用于社会和经济发展方面,并指出,理事会将围绕3个国家优先发展领域:卫生与健康、可持续能源、环境保护,力争把生物、信息、纳米等高技术与制造、运输、建筑等传统产业相结合,研发有利于可持续发展的新技术。

6 水环境管理对策及建议

6.1 我国水环境管理体制分析

6.1.1 水环境现状

环境保护是我国的基本国策，环境管理是环境保护的实现手段。中国现代意义上的环境保护工作起步于 1972 年"联合国人类环境会议"之后，当时，我国的水环境管理是以说服教育为主，以此来使全社会认识到水污染的现状及其对社会的危害。

进入 20 世纪 80 年代，在"预防为主、污染者付费、强化环境管理"三大环境政策基础上，建立和完善了八项环境管理制度和措施。政府将重点放在工业污染控制上，同时通过调整不合理的工业布局、产品、产业结构等政策和措施，对水污染进行综合防治。1984 年施行的《中华人民共和国水污染防治法》及期间针对水污染制定的大量专门性法律和行政法规构成了我国水环境管理的环境法律体系。先后确定了环境影响评价、"三同时"、排污收费、限期治理、城市环境综合定量考核、环保目标责任制、排污核定制、污染集中控制、落后工艺和设备限期淘汰、污染物总量控制等一系列有效的环境管理制度，初步形成了我国水环境政策、法律、标准和管理体系。

到了 20 世纪 90 年代，政府提出以"三河三湖"污染控制为主的水污染防治政策，开始将水污染防治工作与水环境质量的改善紧密联系在一起，使水污染防治工作迈上了一个新的台阶。1996 年 5 月修订并施行了《中华人民共和国水污染防治法》，相继制定了《环境与发展十大对策》和《中国 21 世纪议程》，将可持续发展确定为基本发展战略。

进入 21 世纪，政府加强水环境可持续发展战略，注重经济社会与环境的协调发展，水环境保护工作实现历史性转变：一是从重经济增长轻环境保护转变为保护环境与经济增长并重；二是从环境保护滞后于经济发展转变为环境保护和经济发展同步；三是从主要用行政办法保护环境转变为综合运用法律、经济、技术和必要的行政办法解决环境问题。2008 年 2 月召开的全国十一届人民代表大会确定，将国家环保总局升格为环境保护部，还确定将新修订的《中华人民共和国水污染防治法》于 2008 年 6 月 1 日起实施。2015 年 4 月 2 日，国务院发布了《关于印发水污染防治行动计划的通知》。这是当前和今后一个时期全国水污染防治工作的行动指南，这充分显示了国家对环境保护工作的重视。2018 年环境保护部改革，成立生态环境部。

6.1.2　水环境管理

我国水环境管理涉及生态环境部、水利部、住建部、自然资源部、农业农村部等，各省、直辖市、自治区也都设有相应的机构，基本上属于分散型管理体制。1984 年国务院指定由水利部归口管理全国水资源的统一规划、立法、调配和科研，并负责协调各用水部门的矛盾，开始向集中管理的方向发展。但所谓集中也只局限于水资源开发利用方面，在其他诸如水资源保护等还是分部门管理。

在我国，水资源管理与水污染控制分属不同部门管理，水量与水能由水利部门管理，城市供水与排水则由市政部门管理。2018年3月新一轮《国家机构改革方案》出炉，根据最新《方案》，国家组建生态环境部，整合国家发改委应对气候变化与减排职责，国土资源部监督防止地下水污染防治职责，水利部编制水功能区划、排污口设置管理、流域水环境保护职责。同时，2018年1月1日起施行的《水污染防治法》要求，由生态环境部负责制定水环境监测规范，统一发布水环境状况信息。在此之前环境保护部虽然全面负责水环境保护与管理，但是与其他很多机构分享权力，责权交叉多。

环保部与水利部的职能交叉还表现在如下方面：（1）流域管理机构的定位不明，流域管理机构是水利部的下属单位，与环保部门的关系不明；（2）重复的水环境质量监测信息发布，水利部也在发布水的信息和排污总量，形成两种不同的政府声音，造成不好的社会反应。因此，两个部门之间的职能就很难分清，不利于水环境的统一监督管理。

尽管我国也建立了流域级综合管理机构，如长江水利委员会、珠江水利委员会等，但往往只在处理洪水危机中起作用，在水资源分配与协调方面的作用微乎其微，尚未形成一整套流域水环境集成管理体系。由于这些管理部门都只是事业单位，不是行政机构，无权过问地方水资源开发、利用与保护问题。流域所辖各地区均从本地区利益出发，最大限度地利用区内水资源，由此导致上下游、省界间水资源开发利用，以及部门间用水的冲突问题等。

通过对国外水环境管理体制的经验与中国水环境管理的症结分析，认为我国水环境管理体制改革应遵循以下基本原则：

（1）水环境集成管理

水环境集成管理，也称一体化管理或综合管理，包括四方面的集成：一是部门间集成，即跨部门管理；二是地域间集成，即跨地区管理；三是管理内容的集成；四是管理对象的集成。水环境管理部门间集成是非常必要的。因为水环境管理涉及多行业、多部门，各部门利益矛盾重重，在同一级别上，化解各部门冲突是不可能的，只有通过在各部门之上成立更高的机构来协调这些冲突。

管理对象的集成也可体现在部门的集成，不同管理对象分属不同部门管理；但这些水环境管理对象都分属水的自然循环与社会循环的不同阶段。从水循环角度，它们密切关联，相互作用，不可分割；对之进行统一管理是非常必要的，部门间的水环境集成管理同样是针对管理对象的集成。

（2）水环境分权管理

水环境分权管理，即中央政府将权力分散给地方政府、私营部门、财务自理机构和公众协会（如用水户协会）承担。

在国家一级没有专职的水环境管理机构，而是由环保部门、水利部门等多个部门分别负责对水环境进行管理。例如在英国，水环境管理由政府有关部门分别承担起宏观控制和协调作用，负责制定和颁布有关水的法规政策及管理办法，监督法律的实施。

而在加拿大，联邦政府水环境管理机构改革强化对水资源的综合管理，主要体现在加拿大环境、渔业、海洋农业部等联邦政府部门在机构重组中，加强了涉及水管理的机构设置，成立专门水管理机构，将原来分布于政府诸多机构的水管理权集中于一个或少数几个机构。

（3）经济政策

环境经济手段的应用正处在初始发展阶段。这是由我国长期的传统计划经济体制和相对落后的经济发展水平决定的。尽管现行环境管理政策在促进排污单位加大污染削减治理力度、减少污染物实际排放量、提高自然资源利用效率等方面发挥了重要作用，但是随着经济高速增长，我国水环境污染问题依旧十分严峻。

水环境管理的经济手段是指发挥水的价值规律在环境管理中的杠杆作用，充分运用价格、税收或收费、押金、信贷、补贴等手段制约当事人的环境行为，促使环境成本内在化，控制生产者无节制的开发资源和损害环境的不当行为，引导和激励当事人主动保护水环境的一种管理手段。在我国，由于水环境具有公共性，流域水环境都是跨行政区域，众多地方政府分享其环境效益和经济效益，很难运用行政和法律的手段来加强约束，因此要实现政府对市场的有效干预，只有充分发挥市场机制在资源配置方面所起的基础性支配作用，才能更好地促进经济与环境的协调发展和科学发展。通过实行最经济的环境保护手段，运用经济手段调节生产和消费行为，管理环境，有效地配置污染削减，大大降低水环境管理成本。对于水环境所采用的经济手段主要有绿色税收、生态补偿和排污权交易。

绿色税收政策在水环境管理中主要是水税，它主要对开发、保护、使用水环境资源的单位和个人，按其对环境资源的开发利用、污染、破坏和保护的程度进行征收或减免。现在主要采取的是征收排污费的手段，这种手段，政府只能对污染企业采取被动的罚款措施。排污权交易的本质在于，在符合环境质量要求的条件下，明确排污者的环境容量资源使用权即合法的排污权，允许该权利作为一种商品买进和卖出，以实现环境容量资源的优化配置。生态补偿机制的构建，首先应该集中在构建基于水源地保护的流域生态补偿机制政策，为建立普遍的生态补偿政策创造条件。

　　（4）完善法律体系

　　与1988年加拿大《环境保护法》相比，1999年《环境保护法》增加了很多重要的法律原则，如可持续发展原则、污染预防原则、政府间合作原则和污染者付费原则等。我国《环境保护法》的基本原则包括协调原则、预防原则、环境责任原则和公民参与原则。其中的预防原则应当更多地体现出源头控制思想，并借鉴加拿大《环境保护法》第4章的规定，发挥法律的激励作用。公民参与原则宜体现出权利本位的立法思路，明确规定公民的知情权、参与权、索赔权和环境诉讼权等。尤为重要的是，以实现人与自然和谐相处为目的的可持续发展观已经衍生为环境保护领域的全球性话语和共通性战略，理应成为我国环境法的首要原则。2015年4月2日，国务院发布《关于印发水污染防治行动计划的通知》。针对水污染防治的紧迫性、复杂性、艰巨性、长期性，行动计划突出深化改革和创新驱动思路，坚持系统治理、改革创新理念，按照"节水优先、空间均衡、系统治理、两手发力"的原则，突出重点污染物、重点行业和重点区域，注重发挥市场机制的决定性作用、科技的支撑作用和法规标准的引领作用，加快推进水环境质量改善。

（5）完善环境保护责任制度

权责的一致性是保障环境法实施效果的基础。加拿大《环境保护法》中建立了明确的环境保护责任制度，明确规定执行和实施《环境保护法》的责任在卫生部部长与环境部部长之间分担。环境部部长对法案负有总体上的主要责任，卫生部部长亦承担一些分担的责任，或者是一些特殊的责任。但目前在我国"从实际情况来看，各项制度落实不理想的很大一部分原因在政府，如不认真履行职责、把关不严、执法有折扣、监督不力、有法不依、违法不究等。所以，为保障各项制度的落实，必须强化政府和有关部门的职责，不仅仅是赋予权力，也要明确责任，达到责权的统一。"《水污染防治行动计划》中明确了各执法部门的权责，有助于环境执法监管。

（6）完善立法程序和立法技术

环境问题的多样性、多变性和复杂性等特点要求环境立法的内容必须与时俱进，政府需要对其进行定期的回顾、评价和修改补充。加拿大的《环境保护法》确定了以5年为一个基本周期进行回顾和修改，这一时间间隔有一定的合理性，使得《环境保护法》具有了应对环境变化的灵活性，因而保障了加拿大《环境保护法》的前瞻性和先进性。加拿大《环境保护法》的这一立法技术值得学习。

《环境保护法》的制定和修改均有严格的程序要求，特别是在立法的二读阶段，经过充分的辩论，使得法律的内容更加严谨和可行。我国环境法律的修改也应当增强辩论色彩，以思想的平等互动为基础，在广泛吸纳不同观点的基础上，形成具有相对合理性的"交叠共识"。同时适当完善法律程序的规定，将环境法律的修改纳入既定有序的轨道之中。

6.2 对我国的启示

（1）资源与环境意识

我国人口众多，又是一个仍处于快速工业化过程中的国家，在资源的拥有量、环境容量和当前面临的环境问题几个方面，与加拿大不可同日而语。在环境方面，强调的重点是多伦多的城市大气质量、阿尔伯特省的油沙生产和五大湖地区的水质保护和气候变化问题。实际上五大湖地区尚谈不上水质问题。即便如此，加拿大在节约资源和提高资源利用率、保护环境、实施可持续发展方面的超前意识和务实策略，都值得中国学习。

加拿大自然资源部每3年修订一次《可持续发展战略规划》（SDS），其目标包括环境质量（清洁空气、清洁的水和温室气体减排）和可持续发展管理（可持续性、资源的可持续发展和利用以及可持续管理）。通过这种不断的改进，适应可持续战略的要求，发挥自身的作用。可以说，自然资源部所做的任何事情，某种程度上都对可持续发展做出了贡献。环境问题更是被放置在加拿大人最优先考虑的位置。在加拿大《环境2007—2009年规划》中，政府在环境方面的投资超过90亿加拿大元，加强法规建设和科技投资，确保环境目标的实现——在确保经济增长的同时保护加拿大人民的健康。

加拿大对公民的环境教育从另一个侧面体现了社会在资源与环境上的价值理念。在加拿大，环境宣传教育方式是多种多样的，有国家环境教育中心这样的政府部门，也有参与式环境教育。例如，在阿尔伯特市，就有废弃物管理卓越中心这样的教育基地，建立起众多的教育项目，利用相关研究成果对公民特别是中小学生进行生态和环境保护教育。参与者为自己的城市有这样的基地且自己能够参与其中做出贡献而自豪。市政官员也通过环境公开日这样的特别日子参与其中，进一步唤起民众的环境意识。志愿者行动计划是另一种有效的方式。阿尔伯特废弃物管理卓越中心通过举办 3 周的培训，包括讲座和现场体验，每年培训 30 名志愿者。这些志愿者深入社区，开展环境保护行动，他们的热情和积极参与，影响了其他居民，使得环境理念深入社区。

加拿大这种从政府到公民普遍的资源与环境意识，来源于他们对发展本质的认识。这也正是我国在科学发展观指导下，实现资源节约型、环境友好型社会建设战略目标的根本动力和保障。

（2）政府环境管理能力

实现可持续的资源与环境管理，政府起着重要的作用。积极有效地管理，产生更佳的决策，有助于与各利益相关方建立新型的伙伴关系，消除冲突和建立信任。从长远的观点来看，有效的管理还可以降低成本和减少可能的延误。

加拿大的经验表明，提升政府环境和资源管理能力，表现在 3 个方面的积极工作：

①建设相对完善的基础。这包括设立标准，提出政策工具，建立监测系统、数据管理和信息系统、科研与教育体系，建设区

域管理机构。

②发挥协调职能。协调与各利益相关方的关系，包括政府各部门、企业、公众和环境 NGO。这要求建立政府信用，共享各种信息，管理过程要开放和透明，提供必要的资金支持和管理能力支持。

③主动和负责的态度。好的管理要求政府部门的投入和包容，与其他利益相关方形成共同的价值观。实行责任制，讲求效率和公平；确定和调整战略方向；保持适时反应。

尽管加拿大联邦在环境方面的法律不多，但每一项行动背后都有法律的支持作用。政府部门运作十分有效，每一项行动提出后，都有具体的部门在负责扎实推进和落实。各部门责任明确，政策清楚。特别是管理透明，无论是作为公民个人还是团体，都可以获得政府的信息支持。比较而言我国很多地方机构设置繁多，权责不清，执行不力。加拿大政府间合作与有效管理是近十几年来不断探索、积极适应和调整的结果。

我国水环境管理的条块分割较为严重，尤其是在行政区域上的划分更不利于水资源的管理和治理。因此，由目前的条块分割的管理方式逐步向开发、利用和保护为一体的管理体制过渡，由按行政区域划分向流域等单元方式过渡，同时建立本流域水资源利用和水污染防治的权威管理机构，逐步加强水资源的综合管理。

我国现阶段环境管理技术落后，严重阻碍了环保事业的发展。目前，我国的工业化发展迅速，水环境污染现象严重，水环境管理应继续加强总量控制，制定更为严格、有效的法律法规；对于工业水污染防治应以发展全过程生产控制技术为主要方向，并且加强清洁生产，提高水资源的利用效率。此外，提高管理技术水平是持续保证水资源高效利用和合理开发的基础，也是现阶段水资源保护的重要保障。

（3）有活力的机制

灵活的体制机制，能够有效整合资源，激发创业的活力。在阿尔伯特气候变化研究中心，听到最多的词汇是"创新"，通过技术革新和机制创新，推动事业发展。阿尔伯特气候变化研究中心是一个政府差额拨款的事业单位，中心人员精减，职责明确，以科学研究和技术重新为政策制定提供科学支持，同时也为筹集经费实现自身发展创造了条件。其灵活的管理体制源于对单位性质和职责的明确界定。事业单位行使政府职能的重点应是以向政府职能部门提供政策咨询和决策的科学支持，而不是代为行使决策和管理职能。这种灵活的体制特点，对一些事业单位，特别是部分行使行政职能的事业单位的管理，具有借鉴意义。

实践表明，利用现有成熟的管理方法和相应的经济手段，可取得良好的效果。根据现状采取相应的经济政策来激励，相比单纯的行政手段更有利于水资源的管理，也能更好地推进环保事业的发展。水资源浪费、污染以及不合理的收费是我国当前存在的主要问题。引入相应成熟的管理经验和经济手段，将会对污染物的削减和水资源的保护有一定的刺激，在市场机制下更能促进水资源价格、排污费、环境影响评价等费用的合理化，使之成为能真正反映环境成本的经验和制度。

（4）法律体系的完善

加拿大各省／地区都建立了自己的环境保护法律体系，此做法值得我国借鉴。可根据各省市不同的地理资源环境以及环境保护情况，以《水污染防治行动计划》（以下简称"水十条"）等为核心，建立适合本地区的立法条例。我国自 20 世纪 90 年代起就一直将水污染防治作为环境保护的重要工作，但也存在一些薄弱环节。一些地区水环境质量差、水生态受损重、环境隐患多等问题十分突出，影响和损害群众健康，不利于经济社会持续发展。当前，我国正处于协同推进新型工业化、信息化、城镇化、农业现代化和绿色化的重要阶段，也是建成全面小康社会的攻坚期。"水十条"不回避水污染防治领域多年存在的短板和瓶颈，以问题为导向，对问题一一回应，迎难而上，旨在提升国家水安全保障水平，是体现民意、顺应民心的切实表现。

2015 年 4 月 16 日，由环境保护部组织领导，环保部环境规划院实施、历时两年、经过数十次修改的《水污染防治行动计划》（因其有 10 条内容，简称其为"水十条"）由国务院正式对外公布。"水十条"是推进水环境治理的利器和路线图。"水十条"以环境质量为核心，对区域性、流域性等水体，尽一切力量保护好饮用水水源地等优质水体并使之稳定达标、持续改善，同时打好劣 V 类水体、城市黑臭水体的攻坚战，抓两头带中间，让老百姓能够感受到环境治理的成效。它强调节水减污，节水就是治污，注重部门合作统筹推进。"水十条"以问题为导向，梳理了影响水污染防治的重点问题，包括控源减排问题、制度政策、责任落实等问题，构建长效机制。市场驱动是过去的一个薄弱项，"水十条"在总体要求里面有一个说法，叫"政府市场两手发力"，特别强调健全价格、税收、税费的政策，发展环保产业，发展环保市场，包括推动模式机制创新。这些制度政策是治本之策，对水污染防治政策和环境保护政策都会起比较大的作用。"水十条"里面还有许多精准措施，体现了精准发力，包括对企业进行"红黄牌"的管理、信息公开、严格执法等硬措施。

"水十条"明确划定了河湖"生态红线"。结合全国水生态文明建设、水生态城市建设试点工作，推进重要河湖的水生态修复工作，建立严格的河湖生态空间的管控，划分生态空间的管理范围（第八条第二十六款），同时，"水十条"改变了以往"一刀切"的思路，结合各地实际，提出了将现有的城镇污水处理设施进行因地制宜地改造（第一条第二款）。据调查，中国大部分城市排水管网和污水处理实施远远滞后于城市基础设施建设，施工质量、运行维护，设备保养等也有不少问题，据调查显示，中国城市污水排放总量高达 1 050 亿 m^3，而这些污水的处理率还不到 50%，城市生活污水处理依然面临着严峻的形势。即便是已经建成的污水处理厂也因污水处理技术落后、资金短缺及投资力度不足、管理水平低等原因难以充分发挥作用。加上不同地区由于不同地理和气候环境的不同，区域用水量、用水习惯存在着较大的差异，造成了许多污水处理厂处于瘫痪、半瘫痪状态，污水处理率极低，成了"建得起、养不起"样子工程、面子工程，浪费投资，劳民伤财。"水十条"所规定的因地制宜进行改造体现了遵循客观规律，有效合理使用财政资金，达到了资源最大化利用，避免了重复建设，设施利用率低下等问题。

"水十条"强化地方政府水环境保护责任、加强部门协调联动、落实排污单位主体责任、严格目标任务考核到强化公众参与和社会监督，依法公开环境信息、加强社会监督、构建全民行动格局，招招注重实绩，切中要害。要求各地区、各有关部门要切实处理好经济社会发展和生态文明建设的关系，按照"地方履行属地责任、部门强化行业管理"的要求，明确执法主体和责任主体，做到各司其职，恪尽职守，突出重点，综合整治，务求实效。学习贯彻好"水十条"，是水环境保护领域的重大任务。

参考文献

［1］Environment and Climate Change Canada, Water quality in Canadian rivers; https: //ec.gc.ca/indicateurs-indicators/default.asp?lang=En&n=68DE8F72-1.

［2］Environment and Climate Change Canada, Polybrominated Diphenyl Ethers (PBDEs) in Fish and Sediment, https: //ec.gc.ca/indicateurs-indicators/default.asp?lang=en&n=0970C75C-1.

［3］Environment and Climate Change Canada, Phosphorus levels in the offshore waters of the Great Lakes, https: //ec.gc.ca/indicateurs-indicators/default.asp?lang=en&n=A5EDAE56-1.

［4］Environment and Climate Change Canada, Erosion & Sedimentation, https: //www.ec.gc.ca/eau-water/default.asp?lang=En&n=32121A74-1.

［5］Doelle M. Canadian Environmental Protection Act and commentary［J］. 2006.

［6］Environment and Climate Change Canada, CEPA review, http: //www.ec.gc.ca/lcpe-cepa/default.asp?lang=En&n=2170DC6D-1.

［7］矫波. 加拿大环境保护法的变迁: 1988—2008［J］. 中国地质大学学报（社会科学版）, 2009, 9（3）: 57-61.

［8］International Joint Commission, Boundary Waters Treaty, http:

//www.ijc.org/en_/BWT.

[9] International Joint Commission, Great Lakes Water Quality Agreement 2012, http://www.ijc.org/en_/Great_Lakes_ Water_Quality.

[10] 窦明，马军霞，胡彩虹.北美五大湖水环境保护经验分析 [J].气象与环境科学，2007（2）：20-22.

[11] Davies J M, Mazumder A. Health and environmental policy issues in Canada: the role of watershed management in sustaining clean drinking water quality at surface sources [J]. Journal of Environmental Management, 2003, 68 (3): 273-86.

[12] Ivey J L, Loë R C D, Kreutzwiser R D. Planning for source water protection in Ontario [J]. Applied Geography, 2006, 26 (3): 192-209.

[13] Ivey J L, de Loë R C D, Kreutzwiser R D. Groundwater management by watershed agencies: an evaluation of the capacity of Ontario's conservation authorities [J]. Journal of Environmental Management, 2002, 64 (3): 311-331.

[14] Bruce P. Hooper, Geoffrey T. Mcdonald, Bruce Mitchell. Facilitating Integrated Resource and Environmental Management: Australian and Canadian Perspectives [J]. Journal of Environmental Planning & Management, 1999, 42 (5): 747-766.

[15] Timmer D K, Loë R C D, Kreutzwiser R D. Source water protection in the Annapolis Valley, Nova Scotia: Lessons for

building local capacity［J］. Land Use Policy，2007，24（1）：
187－198.

［16］Rob C. de Loë，Reid D. Kreutzwiser. Closing the groundwater
protection implementation gap［J］. Geoforum，2005，36
（2）：241－256.

［17］Gostin L O，Lazzarini Z，Neslund V S，et al. Water quality
laws and waterborne diseases：Cryptosporidium and other
emerging pathogens［J］. American Journal of Public Health，
2000，90（6）：847－853.

［18］代源卿. 我国水价规制的理论与实证研究［D］.聊城：聊城
大学，2014.

［19］车越，吴阿娜，杨凯.加拿大保护饮用水源的策略及启示
［J］.中国给水排水，2007（8）：19－22.

［20］Super，Natural British Columbia，"About BC"，http：//
www.hellobc.com/british－columbia/about－bc.aspx.

［21］British Columbia，Drinking Water Protection Act，
http：//www.bclaws.ca/civix/document/id/complete/
statreg/01009_01.

［22］Environment and Climate Change Canada，Groundwater，
https：//www.ec.gc.ca/eau－water/default.asp?lang=En&n=
300688DC－1.

［23］任磊，崔新华.国际油气管道运输企业环境管理的先进经验
及启示——以 Enbridge 公司为例（二）［J］.油气田环境保
护，2008（1）：1－4，59.

［24］李晓斌，赵玉军.渗透性反应墙在地下水污染修复中的应用［J］.内蒙古环境科学，2008（3）：75－80.

［25］Gavaskar A，Gupta N，Sass B，et al. Design Guidance for Application of Permeable Reactive Barriers for Groundwater Remediation［J］.2000.

［26］Environment and Climate Change Canada，"Integrated Watershed Management"，https：//www.ec.gc.ca/eau－water/default.asp?lang＝En&n＝13D23813－1.

［27］冯雨峰，孔繁德.生态恢复与生态工程技术［M］.北京：中国环境科学出版社，2008：18.

［28］Ontario Streams ，Ontario Streams Rehabilitation Manual，http：//www.ontariostreams.on.ca/PDF/Ontario%20Streams%20Rehabilitation%20Manual.pdf.

［29］徐中华，钭逢光，陈锦剑，等.活树桩固坡对边坡稳定性影响的数值分析［J］.岩土力学，2004（S2）：275－279.

［30］刘京一，吴丹子.国外河流生态修复的实施机制比较研究与启示［J］.中国园林，2016，32（7）：121－127.

［31］中国生态修复网，加拿大经典生态修复案例值得国内借鉴，http：//www.er-china.com/index.php?m＝content&c＝index&a＝show&catid＝15&id＝61288.

［32］中华人民共和国驻加拿大大使馆经济商务参赞处，加拿大清洁技术业发展简况，http：//ca.mofcom.gov.cn/article/ztdy/201602/20160201262188.shtml.

［33］王莉.加拿大流域管理法律制度解析［J］.郑州大学学报

（哲学社会科学版），2014，47（6）：55—58.

［34］Justice Laws Website，Navigation Protection Act，http：//laws—lois.justice.gc.ca/eng/acts/N—22/index.html.

［35］Justice Laws Website，International River Improvements Act，http：//laws—lois.justice.gc.ca/eng/acts/I—20/index.html.

［36］Justice Laws Website，Canada Shipping Act，http：//laws—lois.justice.gc.ca/eng/acts/S—9/index.html.

［37］Justice Laws Website，Fisheries Act，http：//laws—lois.justice.gc.ca/eng/acts/F—14/index.html.

［38］Justice Laws Website，Arctic Waters Pollution Prevention Act，http：//laws—lois.justice.gc.ca/eng/acts/A—12/index.html.

［39］李晓涛.加拿大污水处理厂［J］.黑龙江水利，2002（8）：12.

［40］Michael Paice.加拿大高得率浆厂用水量及废水处理［J］.中国造纸，2009，28（s1）：107—108.

［41］安瑞，罗竞维，雷菊霞，等.城镇污水处理厂紫外消毒系统灯管国产化研究［J］.环境工程，2016（s1）：230—234.

［42］Environment and Climate Change Canada，Resource Documents，https：//www.ec.gc.ca/eu—ww/default.asp?lang=En&n=5A71856B—1.

［43］TROJAN UV，UV Disinfection for Wastewater，http：//www.trojanuv.com/applications/wastewater.

［44］毛明芳.加拿大环境产业发展对我国的启示［J］.中国环保产业，2009（5）：64—70.

[45] 席凌.当前我国水环境管理存在的问题与对策研究［D］.
济南：山东大学，2008.

[46] 温家宝总理在第六次全国环境保护大会上的讲话［N］.中国
环境报，2006－04－07.

[47] 王金南，田仁生，洪亚雄.中国环境政策（第一卷）［M］.
北京：中国环境科学出版社，2004.

[48] 乌兰.对环境管理手段创新的思考［J］.东岳论丛，2007（4）.

[49] 吴舜泽，徐敏，马乐宽，等.重点流域“十三五”规划落实
“水十条”的思路与重点［J］.环境保护，2015，43（18）：
14－17.

[50] 国洪瑞，胡天蓉，张琳.我国水环境管理的现状及发展趋势
［J］.能源与环境，2017（4）：51－52，62.

[51] 耿英杰，袁亚杰，邢美兰，等. 城市生活污水处理技术现状
及发展趋势研究［J］. 科技信息，2014（3）：245－246.